W0257608

Die Fichte

in Bezug auf

Ertrag, Zuwachs und Form.

Unter Zugrundlegung der an der K. Württ. forstlichen Versuchsanstalt angestellten Untersuchungen

bearbeitet

von

Dr. Franz Baur,

Professor der Forstwissenschaft, Vorstand der K. Württemb. forstlichen
Versuchsanstalt u. s. w.

Mit 7 lithographirten Tafeln.

Springer-Verlag Berlin Heidelberg GmbH
1877

ISBN 978-3-642-89521-0   ISBN 978-3-642-91377-8 (eBook)
DOI 10.1007/978-3-642-91377-8

Softcover reprint of the hardcover 1st edition 1877

Vorwort.

Bekanntlich sind unsere Ertrags- und Zuwachstafeln noch mit Lücken und Mängeln behaftet und auch die Untersuchungen über die Formverhältnisse der Holzarten können noch keineswegs als abgeschlossen betrachtet werden. Der Verein forstlicher Versuchsanstalten in Deutschland erkannte daher auch die Aufstellung neuer Ertragstafeln und Formzahlübersichten als ein dringendes Bedürfniss an, welches so bald als möglich durch neue, umfassende und genaue Untersuchungen in den deutschen Forsten befriedigt werden müsse.

Die Königl. Württ. forstliche Versuchsanstalt hat sich daher auch in den Jahren 1872—1874 vorzugsweise damit beschäftigt, das Material zur Aufstellung neuer Ertragstafeln und Formzahlübersichten für die in Württemberg so sehr verbreitete Fichte zu sammeln, während im vorigen und diesem Jahre dasselbe hinsichtlich der Rothbuche geschah.

In den nachfolgenden wenigen Blättern habe ich das bezüglich der Fichte in 99 verschiedenen neu angelegten ständigen Versuchsflächen und an ca. 1600 gefällten und nach dem Sektionsverfahren auf das sorgfältigste kubirten Probestämmen gewonnene Material zu neuen Ertragstafeln und Formzahlübersichten in der Hoffnung verarbeitet, der Forst-Wirthschaft und -Wissenschaft damit einen Dienst zu erweisen. Zwar kann man das untersuchte Material noch nicht als ein nach allen Richtungen hin vollkommenes nennen, die Lücken sollen vielmehr in den nächsten Jahren noch ergänzt werden, aber trotzdem glaube ich behaupten zu dürfen, dass die Grundlagen, auf welchen alle vorher aufgebauten Ertragstafeln der Fichte ruhen, unvollkommener und weniger zuverlässig sind. Hunderte von Händen waren nämlich in zehn verschiedenen Revieren des Landes thätig, bis der reiche

Untersuchungsstoff in eine Form gebracht war, in welcher er von meinem Assistenten Dr. Bühler, welcher fast drei Jahre seines Lebens dem Gegenstande widmete, aufgenommen und von mir selbst, wie nachstehend geschehen, verarbeitet werden konnte. In der nachstehenden kurzen Abhandlung sind die Resultate von Hunderttausenden von Rechnungsoperationen niedergelegt, sie enthält daher mehr Arbeitsleistung als manches mehrbändige Werk. Die Resultate, zu welchen ich hinsichtlich des Zuwachsganges und der Form der Fichte gelangte, dürften schon desshalb interessiren, weil durch sie bald alte Sätze bestätigt oder ergänzt, bald solche als unhaltbar und unrichtig dargestellt, überhaupt in gar mancher Beziehung neue Gesichtspunkte eröffnet werden.

Schliesslich drängt es mich noch, Sr. Excellenz dem Herrn Finanzminister von Renner, den hochgeehrten Mitgliedern Königl. Forstdirektion, und dem bis jetzt in Anspruch genommenen Lokalforstpersonal, meinen tiefgefühlten Dank für die seitherige treue Unterstützung des forstlichen Versuchswesens und insbesondere auch dafür auszusprechen, dass man mir, als einem unter dem K. Ministerium des Kirchen- und Schulwesens stehenden Beamten, in so liberaler Weise die Waldungen des Staates zu forstlichen Versuchszwecken zur Verfügung stellte.

Ich werde mich eines so hohen Grades von Vertrauen dadurch würdig zu erweisen suchen, dass ich nach wie vor eifrigst bestrebt sein werde, mit dem geringsten Aufwand an Zeit, Arbeitskraft und Staatsmitteln, das höchste auf dem Gebiete des forstlichen Versuchswesens zu leisten, zu welchem ich mich trotz vielfachen Schwierigkeiten immer noch kräftigst hingezogen fühle.

Hohenheim am 21. September 1876.

Franz Baur.

Erster Abschnitt.

Ertrags- oder Zuwachstafeln für die Fichte.

Einleitung.

Bekanntlich versteht man unter Ertrags- oder Zuwachs-
tafeln tabellarische Uebersichten, welche den Holzgehalt an
Haubarkeitsmasse (gesammte Bestandesmasse excl. Stockholz-
und Zwischennutzungserträge[1]) der wichtigsten Holzarten und
unter Berücksichtigung der verschiedenen Standortsverhältnisse
(Bonitäten) für die Flächeneinheit (das Hektar) von Jahr zu
Jahr oder doch von zehn zu zehn Jahren angeben. Derartige
Tafeln, den verschiedenen Bedürfnissen entsprechend entworfen,
sind von hohem wirthschaftlichen und wissenschaftlichem Werthe.
Sie bringen die Zuwachsgesetze normaler Bestände in Bezug auf
Höhen-, Kreisflächen- und Massenentwicklung zur Anschauung,
geben Aufschluss über die Grösse des normalen und wirklichen Vor-
raths, der Nutzungs- und Zuwachsprocente, über den Zeitpunkt
des Eintritts des grössten laufenden und durchschnittlichen Länge-
und Massezuwachses, sie dienen ferner den so wichtig gewor-
denen Rentabilitätsberechnungen der verschiedenen forstlichen
Betriebssysteme, und werden endlich bei Zuwachsberechnungen,
Holzmassenschätzungen ganzer Bestände, bei der Feststellung der
Reinertragsklassen zum Zwecke der Ermittlung der Waldsteuer-

---

[1] Man kann auch Ertragstafeln für die Zwischennutzungen aufstellen.
Die Veröffentlichung solcher Tafeln behalten wir uns für die nächsten Jahre vor.

kapitalien, zur Berechnung des Werths der Wälder und der Abfindungskapitalien zum Behufe der Ablösung von Waldservituten u. s. w. verwendet. Der Werth solcher Tafeln steigt natürlich in dem Masse, als sich die Ergebnisse derselben leicht und sicher auf konkrete Fälle übertragen lassen.

Die bis jetzt für die wichtigsten deutschen Holzarten des Waldes veröffentlichten Ertrags- und Zuwachstafeln leiden an verschiedenen klar in die Augen springenden Mängeln, so dass ihr Werth für wirthschaftliche und wissenschaftliche Zwecke theils ein beschränkter, theils ein problematischer ist. Ein grosser Theil dieser Tafeln ist älteren Ursprungs, das Material zu denselben musste Beständen entnommen werden, welche unter ganz andern wirthschaftlichen Grundsätzen und auch theilweise anderen Standortsverhältnissen als unsere heutigen jungen und mittelalten Bestände erwuchsen. Wenn daher die älteren Ertragstafeln auch mit aller Sorgfalt aufgestellt worden wären, so können dieselben den heutigen Verhältnissen doch dann nicht mehr ganz entsprechen, wenn sich im Laufe der Zeit die Wirthschaftsregeln und Standortsverhältnisse dauernd geändert hätten. So ist z. B. an die Stelle der Naturverjüngung vielfach die Saat getreten und letztere wurde häufig wieder durch die Pflanzung verdrängt. Schon dieser einzige Faktor übt auf den Entwicklungs- und Zuwachsgang der Bestände einen grossen Einfluss aus. Wir konnten uns hiervon gelegentlich der von uns angestellten Untersuchungen vielfach überzeugen. Aehnliche Wirkungen treten bei früh oder später, häufig oder spärlich, schwach oder stark eingelegten Durchforstungen ein und dass sich die chemischen und physikalischen Eigenschaften des Bodens häufig nicht zu Gunsten grösserer Holzproduktion geändert haben, ist eine unbestrittene Thatsache. Aus diesen Gründen bedürfen die vorhandenen Ertragstafeln von Zeit zu Zeit einer eingehenden Revision oder Erneuerung, selbst wenn sie zur Zeit ihrer Aufstellung untadelhaft gewesen wären.

Abgesehen hiervon leiden aber viele der vorhandenen Ertragstafeln noch an dem grossen Mangel, dass das Material, auf welche sie sich gründen, weder nach Quantität noch Qualität

veröffentlicht wurde.[1]) Hierdurch entbehren solche Tafeln beim forstlichen Publikum des erforderlichen Vertrauens, denn der Werth einer wissenschaftlichen Arbeit wächst mit der Menge und Güte des unterliegenden Materials. Publikationen ohne Beifügung der Unterlagen haben in unseren Augen kaum einen grösseren Werth, als am grünen Tische entworfene Ertragstafeln, an welchen es in der forstlichen Literatur bekanntlich auch nicht fehlt. Damit man uns nicht die gleiche Unterlassungssünde zum Vorwurfe macht, werden wir an geeigneter Stelle sämmtliches Material veröffentlichen, welches unseren Untersuchungen als Unterlage diente.

Sodann kann unseren heutigen Ertragstafeln der Vorwurf gemacht werden, dass bei deren Aufstellung von dem Rechte der Interpolation ein viel zu ausgedehnter Gebrauch gemacht wurde. Der Zuwachsgang normaler Holzbestände konnte dadurch nur unvollkommen zum Ausdruck gelangen und gab zu gar mancherlei Widersprüchen und falschen Vorstellungen Veranlassung.

Endlich müssen unsere heutigen Ertragstafeln noch desshalb als mangelhaft bezeichnet werden, weil sie meist die in den einzelnen Lebensjahren und verschiedenen Bonitäten des Bestandes vorhandenen Holzmassen nur in einer Summe angeben, und nicht einmal die nöthigste Charakterisirung der einzelnen Standortsklassen enthalten, so dass die Anwendung solcher Tafeln für konkrete Fälle grosse Schwierigkeiten bietet, wenn nicht ganz unmöglich ist.

Unsere nachfolgenden Ertragstafeln für die Fichte enthalten daher auch die Haubarkeitsmasse normaler Bestände getrennt nach Derb- und Reisholz. Sie schliessen sich in so ferne ganz an die am 23. August 1875 zu Stubbenkammer auf Rügen, auf Veranlassung des Vereins deutscher forstlichen Versuchs-

---

[1]) Eine rühmliche Ausnahme macht in dieser Beziehung die Grossh. Badische Forstverwaltung. Unter dem Titel: „Erfahrungen über den Massen-Vorrath und Zuwachs geschlossener Hochwaldbestände u. s. w." hat dieselbe im Jahre 1873 ein sehr reichliches Material veröffentlicht, welches leider noch nicht zu eigentlichen Erfahrungstafeln verarbeitet ist.

anstalten mit Vertretern der Regierungen von Preussen, Bayern, Sachsen, Württemberg, Baden, und der Thüringen'schen Herzogthümer getroffenen Vereinbarungen, betreffend die Einführung gleicher Holzsortimente und einer gemeinschaftlichen Rechnungseinheit für Holz im deutschen Reich, an. Nach diesen Vereinbarungen, denen sich inzwischen auch das Grossherzogthum Hessen angeschlossen hat und denen unzweifelhaft auch die übrigen Kleinstaaten noch nachfolgen werden, gehört unter Derbholz die ganze oberirdische Holzmasse über 7 cm Durchmesser, einschliesslich der Rinde gemessen, mit Ausschluss des bei der Fällung am Stocke bleibenden Schaftholzes, während das Reisholz die oberirdische Holzmasse bis einschliesslich 7 cm Durchmesser aufwärts enthält. Es sind desshalb unsere Tafeln zu taxatorischen Zwecken direkt anwendbar, was dem Praktiker um so angenehmer sein wird, als ähnliche Tafeln noch nicht bestehen und thatsächlich in vielen Staaten in zweckmässiger Weise der Fällungsetat getrennt nach Derb- und Reisholz aufgestellt wird.

Um die Ertragstafeln leichter auf konkrete Fälle anwenden zu können, scheint es ferner unumgänglich nothwendig zu sein, die einzelnen Standortsklassen (Bonitäten), auf welche sich die ersteren gründen, schärfer zu charakterisiren, als solches bis jetzt geschehen ist. Was nutzen der Wirthschaft und Wissenschaft „Normalertragstafeln für Deutschland", aufgestellt für die Bonitäten: gering, mittelmässig, gut, sehr gut und ausgezeichnet, wenn denselben nicht genaue Anhalte darüber beigefügt sind, woran man den geringen, den guten, den ausgezeichneten Standort u. s. w. mit hinreichender Sicherheit erkennen kann. Wenn z. B. zur Erklärung der Bonitäten derartiger Tafeln die Bemerkung beigefügt ist, dass man unter „gering" zu verstehen habe, „wo in Beziehung auf die Natur der betreffenden Holzart der Boden oder das Klima sehr ungünstig oder aber beides zugleich mehr oder minder ungünstig sich erweist", so ist mit solch vagen Erläuterungen doch gewiss nur sehr wenig anzufangen, wenn es sich darum handelt, die Frage zu entscheiden,

einen in einem beliebigen Winkel Deutschlands sich befindlichen konkreten Bestand in eine der fünf genannten Standortsklassen einzuschätzen. Bekanntlich lassen uns Bodenkunde und Klimatologie gerade im Walde noch vielfach im Stiche, wo Meereshöhe, Lage, Exposition, chemische und physikalische Beschaffenheit des Bodens meist einem viel grösseren Wechsel unterliegen, als bei Acker-Gelände. Nach dem jetzigen Stande dieser Wissenschaften ist es ganz unmöglich zu bestimmen, wie viel Procente der in einem Bestande vorhandenen Holzmasse auf die Lage, wie viele auf die Tiefgründigkeit, die Lockerheit u. s. w. kommen; denn mangelnde Tiefgründigkeit kann unter Umständen durch grössere Bodenfeuchte oder durch bessere mineralische Zusammensetzung des Bodens ersetzt werden. Es sind eben der Faktoren gar viele, welche auf die Waldvegetation einwirken. Die einzelnen producirenden Elemente lassen sich zu schwer scheiden und für sich studiren. Hierdurch werden derartige Fragen so komplicirt, dass uns auch die Agrikulturchemie (und Physik) über die Schwierigkeiten nicht hinauszuhelfen vermögen. Anscheinend schlechte Böden liefern oft einen überraschend schönen Holzbestand und umgekehrt. Wir kennen eben die Bedeutung der Faktoren der Standortsgüte nur in ihrer Gesammtwirkung, in der Grösse des Produktes der fertig vor uns aufgewachsenen Holzmassen.

Derjenige Normalbestand, welcher pro Flächeneinheit in ein und derselben Zeit die grösste Holzmasse liefert, wird auch auf dem besten Standorte stocken und umgekehrt. Die Holzmasse aber bei der Aufstellung von Ertragstafeln zur Beurtheilung der Bonität benutzen zu wollen, ist uns unmöglich, denn die Ertragstafeln sollen uns ja gerade zur Massenermittlung dienen. Wir müssen uns daher nach andern Hilfsmitteln zur Beurtheilung der Bonitäten umsehen. Das einfachste und zugleich zuverlässigste Mittel erblicken wir nach unsern in den letzten Jahren an 99 verschiedenen Fichtenbeständen angestellten und darum sehr zahlreichen Untersuchungen in der Scheitelhöhe des Baumes (Höhe vom Stockabschnitt bis zum äussersten Gipfel). Aus denselben geht nämlich hervor, und wir werden auf diesen

Gegenstand später ausführlicher zurückkommen, dass in geschlossenen Beständen gleicher Bonität der laufend jährliche Massenzuwachs proportional dem laufend jährlichen Höhenwuchs ist und dass sich die Massen zweier verschieden alten aber gleichen Bonitäten angehörigen Bestände wie ihre Höhen verhalten.

Auf diese wichtige Thatsache gestützt haben wir desshalb unsern nachfolgenden Ertragstafeln die jeder Bonität in jedem Bestandesalter entsprechende Höhe beigefügt. Irgend ein konkreter Bestand wird daher mit derjenigen Bonität der Ertragstafeln übereinstimmen, mit welcher er bei gleichem Alter auch gleiche Höhe besitzt. Da man nun die mittlere Höhe eines zu untersuchenden Bestandes sehr leicht mit Hilfe eines einfachen Höhenmessers bestimmen kann, so müssen mit Beifügung der entsprechenden Höhen in die Ertragstafeln letztere jedenfalls wesentlich an Werth gewinnen.

Eine weitere Erleichterung für den Gebrauch von Ertragstafeln bilden auch die den einzelnen Bonitäten in den verschiedenen Bestandesaltern entsprechenden Stammzahlen und Kreisflächensummen pro Flächeneinheit. Wir glauben daher auch durch Einverleibung dieser Elemente in dieselben unsern Fachgenossen einen Dienst zu erweisen.

Sehen wir nach diesen einleitenden Bemerkungen, auf welchen Unterlagen unsere Ertragstafeln ruhen, wie letztere ausgearbeitet wurden, wie sie angewendet werden und welche neue Ergebnisse dieselben geliefert haben.

I. Unterlagen zu den Ertragstafeln.

Das Material, welches zur Aufstellung der nachfolgenden Ertragstafeln diente, bezieht sich auf die Ergebnisse von 99 ständigen Versuchsflächen, welche in normalen Fichtenbeständen verschiedener Alter und Standortsgüten in 9 verschiedenen Revieren der K. W. Staatswaldungen angelegt wurden. Die Grösse der Versuchsflächen bewegt sich zwischen 0,25 bis 1 Hektar, die gefundenen Erträge sind aber in den nachfolgenden Uebersichten stets auf 1 Hektar umgerechnet worden. So gern man auch alle Versuchsflächen ein Hektar gross gemacht hätte, so war dieses doch nicht möglich, weil die Bestände selten sind, in welchen man in allen Theilen ganz normal bestockte Flächen von 1 Hektar Flächeninhalt finden kann. Trotzdem sind unsere Versuchsflächen keine »ideal« bestockten Bestände, sondern sie haben eine so normale Bestockung, als man sie in der angegebenen Flächengrösse im Zusammenhang überhaupt finden konnte. Unter den vielen Versuchsflächen wird man daher auch kaum eine finden, in der nicht noch hie und da ein kleines Plätzchen zu finden wäre, auf welchem man sich nicht noch einige Stangen oder einen Baum denken könnte. In manchen Versuchsflächen finden sich sogar alte, schmale verlassene Wege, letztere wurden nicht als störend angesehen, wenn nur der Kronenschluss über solchen Stellen hergestellt war. Wir haben daher auch zur besseren Beurtheilung der Bestandesdichte in den folgenden Uebersichten immer die wirklich gefundene Stamm-Zahl des bleibenden Hauptbestandes beigefügt.

Die Auswahl der Versuchsflächen geschah gemeinschaftlich durch uns, unsern Assistenten Dr. Bühler und das einschlagende Lokalpersonal. Die Aufnahme der ersten Versuchsflächen mit allen dazu gehörigen Arbeiten erfolgte durch uns selbst in Gegenwart unseres Assistenten. Nachdem derselbe gründlich in alle Geschäfte eingeschossen war, konnten ihm dann die Aufnahmen im Walde allein überlassen werden. Doch revidirten wir immer die fertiggestellten Versuchsflächen, um Gewissheit darüber zu haben, ob alle Arbeiten instruktionsmässig ausgeführt wurden.

Die Einrichtung, dass alle forstlichen Versuchsarbeiten in Württemberg in einer Hand liegen, dass alle Holzmassen-Aufnahmen allein durch unsern Assistenten ausgeführt werden, hat sich als sehr praktisch erwiesen, denn man erhält so gewiss viel übereinstimmendere, zuverlässigere Resultate, als wenn man solche Arbeiten amtlich den Lokalforstbeamten übertragen würde. Auch die Holzmassen und Formzahlen u. s. w. wurden alle doppelt durch Assistent Dr. Bühler mittelst der Crelle'schen Tafeln berechnet, von uns theilweise revidirt, so dass alle Garantie für deren Fehlerlosigkeit geboten ist. Die Verarbeitung des Materials geschah jedoch nur durch uns, und sind die Resultate in den nachfolgenden Uebersichten niedergelegt.

Alle Versuchsflächen wurden nach den vom Vereine deutscher forstlicher Versuchsanstalten getroffenen Vereinbarungen vorschriftsmässig begrenzt, dauernd bezeichnet und hierauf sorgfältig durchforstet, wobei ebenfalls die vereinbarten Bestimmungen über »Durchforstungsversuche« eingehalten wurden. Zur Orientirung der Leser sei hier bemerkt, dass folgende drei Durchforstungsgrade ausgeführt werden:

1. Fläche A, schwächster Grad, Beschränkung auf Aushieb des dürren Holzes;
2. Fläche B, mittlerer Grad, Aushieb des dürren und unterdrückten grünen Holzes und
3. Fläche C, stärkster Grad, Aushieb der dürren, unterdrückten und beherrschten grünen Stämme.

Konnte man nun in einem jüngeren noch intakten Bestande drei Flächen von je mindestens 0,25 Hektar neben einander finden, so kamen obige drei Durchforstungsgrade in Ausführung. Im letzteren Falle dienen dann die Versuchsflächen nicht nur dem Zwecke der Aufstellung von Ertragstafeln, sondern gleichzeitig auch noch — da die auf denselben stockenden Holzmassen von Zeit zu Zeit wieder aufgenommen werden sollen — zur Beurtheilung der so wichtigen wirthschaftlichen Frage, welcher Durchforstungsgrad sich als der rentabelste erweise. In den nicht intakt gebliebenen mittelalten, nahe haubaren und haubaren Beständen kam meist nur der mittlere, mehr in der seitherigen Praxis übliche Durchforstungsgrad B in Ausführung, und nur wenn ein Bestand wenig beherrschte Stämme zeigt, der stärkste Grad C. Diese Flächen dienen vorzüglich zur Aufstellung von Ertragstafeln. Um letztere mit der Zeit noch zu vervollkommnen, sollen erstere ebenfalls von Zeit zu Zeit, etwa von fünf zu fünf Jahren, wieder aufgenommen werden. Die in der nächsten Uebersicht in Rubrik »Bezeichnung der Versuchsflächen« aufgeführten Buchstaben A, B und C sollen in Kürze die in Ausführung gekommenen Durchforstungsgrade angeben.

Das auf den einzelnen Versuchsflächen gewonnene Durchforstungsmaterial wurde auf das sorgfältigste aufgenommen und verbucht, um aus demselben später Tafeln für Durchforstungsergebnisse zu bearbeiten.

Die Aufnahme des bleibenden Bestandes in den einzelnen Flächen geschah nach dem Draudt-Urich'schen Verfahren, weil wir diesem unter allen Bestandesschätzungsverfahren, bei welchen Probestämme gefällt werden sollen, den Vorzug einräumen. Die Durchmesser sämmtlicher Stämme der Versuchsflächen wurden in 1,3 m vom Boden in Abstufungen von 1 cm zu 1 cm gemessen, die Kreisflächensumme nach den von Seckendorff'schen Tafeln berechnet, die gefällten Probestämme, soweit sie Derbholz gaben, in 1—2 m langen Sektionen, deren mittlere Durchmesser bis auf Millimeter genau doppelt über's Kreuz abgegriffen wurden, kubirt, das Reisholz jedes Probestammes anfänglich gewogen und xylometrisch kubirt und erst nachdem die Verhältnisszahl zwischen Gewicht und Volumen, unter Berücksichtigung der Fällungszeit und des Alters der Bestände, festgestellt war, erfolgte die Kubirung nur noch mittelst Wägung. Es ist desshalb auch das Reisholz der Fichte mit einem solch hohen Grade von Genauigkeit festgestellt worden, wie es früher bei so umfangreichen taxatorischen Arbeiten wohl nicht vorkam. In der nächsten Umgebung jeder Versuchsfläche wurden durchschnittlich 15—20 Probestämme gefällt, in jüngeren Beständen wegen der grossen Stammzahl entsprechend mehr, oft über 100 Stück, in älteren etwas weniger. Wenn man nun denkt, dass es sich um leicht aufnehmbare gleichalterige Normalbestände handelt, so wird man nicht in Abrede stellen können, dass die gewählte Aufnahmsmethode alle Garantieen der Sicherheit in sich vereinigt.

Wir haben bei der Fichte fünf Standortsklassen (Bonitäten) unterschieden, noch mehr anzunehmen schien uns nicht praktisch. Die 4. und 5. Fichtenstandortklasse kommt überhaupt nur selten vor und ist desshalb von geringer Bedeutung, weil sich hier eher ein Wechsel mit einer weniger anspruchsvollen Holzart empfiehlt. Die bis jetzt angelegten 99 Versuchsflächen vertheilen sich hinsichtlich ihrer Bonität wie folgt:

$$\begin{aligned}
\text{I. Bonität} &= 52 \text{ Flächen} \\
\text{II. \quad,,} &= 32 \quad,, \\
\text{III. \quad,,} &= 8 \quad,, \\
\text{IV. \quad,,} &= 7 \quad,,
\end{aligned}$$

Für die im Lande am häufigsten vorkommende I. und II. Bonität genügt das vorliegende Material vollständig, für die seltener auftretende III. und IV. Bonität ist es noch etwas dürftig, Versuchsflächen für die V. Bonität, welche sich vielleicht in flachgründigem, dürrem, magerem Boden oder einigen Hochlagen des Schwarzwaldes finden werden, haben wir bis jetzt noch nicht angelegt, da das Bedürfniss, vorher auch die Rothbuche in gleicher Richtung noch zu bearbeiten, in höherem Masse vorlag.

Will man vollständig befriedigende Tafeln erhalten und nicht allzuviel interpoliren, wie das früher geschah, so muss man nach unsern Erfahrungen doch für jede Bonität mindestens 30—40 durch alle Altersklassen vertheilte Flächen zur Verfügung haben. Die nachfolgenden Ertragstafeln III. und IV. Bonität sind daher noch verbesserungsfähig, wir werden das fehlende Material ergänzen, sobald die Hauptarbeiten für die Rothbuche beendigt sein werden. Immerhin glauben wir, dass sich auch die Tafeln III. und IV. Bonität mit den bis jetzt veröffentlichten ähnlichen Arbeiten, welche über das zur Verfügung gestandene Material mit Stillschweigen hinausgehen, wohl messen können. Da es in der Absicht liegt, die Versuchsflächen von Zeit zu Zeit wieder aufzunehmen, so rücken natürlich im Verlaufe der Jahre die einzelnen Glieder unserer Ertragskurven immer näher zusammen, es ergeben sich immer bessere Durchschnittswerthe und aus diesen immer vollkommenere Ertragstafeln.

Wir lassen nun das wirklich gewonnene Material, welches die Grundlage zu unsern Tafeln bildet, folgen. In der ersten Rubrik „Bezeichnung der Reviere und Abtheilungen" drücken die Abkürzungen: n. V. = natürliche Verjüngung, S. = Saat und Pfl. = Pflanzung aus, ob die Versuchsfläche aus einer natürlichen Verjüngung, einer künstlichen Saat oder Pflanzung entstammt. Eine weitere Erklärung der übrigen Rubriken erscheint für den Sachverständigen überflüssig.

Uebersicht
der in den einzelnen Versuchsflächen normaler Fichtenbestände wirklich erhaltenen Ergebnisse.

Bezeichnung der Reviere und Abtheilungen	Bezeichnung der Versuchsflächen	Alter des Bestandes	Der Hauptbestand (excl. Vornutzungen und Stockholz) ergab pro Hektar									Mittlere	
			Stammzahl	Kreisflächensumme 1,3 m vom Boden	Mittlerer Durchmesser	Mittlere Höhe	Mittlerer Längentrieb der letzten 5 Jahre	Derbholz	Reisholz	Zusammen	Durchschnittszuwachs	Derb-	Baum-
												Formzahl 1,3 m vom Boden	
				Q.-M.	Centm.	Meter		Festmeter					
I. Bonität.													
Mariä-Kappel.													
Winterhalde 2 (n. V.)	B	77	900	47,70	26	23,8	0,9	538	90	628	8,16	0,475	0,562
,, 7 (n. V.) . . .	B	78	1012	52,54	26	25,7	0,8	683	105	788	10,00	0,487	0,563
Weippertshofen.													
Steinhaupt 2ª (n. V.). . . .	1. B	78	964	48,26	25	24,9	0,8	639	111	750	9,62	0,509	0,593
,, 2ª (n. V.). . . .	2. B	78	828	53,03	29	25,5	0,7	678	98	776	9,95	0,476	0,541
Haadt 8 (n. V.)	B	79	964	44,78	24	24,3	0,6	567	91	658	8,33	0,503	0,592
Steinhaupt 3ª (n. V.) . . .	B	86	756	62,78	33	31,1	0,5	983	89	1072	12,46	0,492	0,537
Rehhecke (n. V.)	B	98	888	51,88	27	28,3	0,7	764	84	848	8,65	0,509	0,566
Dettenroden.													
Gehrhalde (Pfl.)	1. A	24	7305	34,67	8	9,0	1,9	113	142	255	10,61	0,282	0,777
,, (Pfl.)	3. B	24	5824	30,04	8	8,6	2,2	97	138	235	9,80	0,261	0,830
,, (Pfl.)	2. C	24	4412	28,66	9	9,0	2,1	121	118	239	9,94	0,324	0,792
Hornsberg (Pfl.)	2. B	24	4232	34,55	10	10,7	3,2	156	128	284	11,82	0,349	0,725
Ruitthal (n. V.)	C	56	1368	45,88	21	21,4	1,1	501	85	586	10,47	0,487	0,569
Ellenberg.													
Stahlhalde 4 (Pfl.)	B	43	2176	40,86	16	16,3	2,0	358	113	471	10,96	0,432	0,637
Grünenwald 1 (Pfl.). . . .	B	45	2712	48,27	15	16,5	1,2	406	99	505	11,22	0,469	0,605
,, 3 (n. V.) . . .	B	84	972	59,73	28	28,0	0,9	822	90	912	10,86	0,492	0,542
Kleeberg 2 (n. V.)	B	94	944	60,68	29	29,3	0,7	860	88	948	10,08	0,485	0,533

Bezeichnung der Reviere und Abtheilungen	Bezeichnung der Versuchsflächen	Alter der Bestände	Der Hauptbestand (excl. Vornutzungen und Stockholz) ergab pro Hektar									Mittlere	
			Stammzahl	Kreisflächensumme 1,3 m vom Boden	Mittlerer Durchmesser	Mittlere Höhe	Mittlerer Längentrieb der letzten 5 Jahre	Derbholz	Reisholz	Zusammen	Durchschnittszuwachs	Derb-	Baum-
				Q.-M.	Centm.	Meter		Festmeter				Formzahl 1,3 m vom Boden	
Hohenberg.													
Altes Schloss (n. V.) . . .	2. B	57	1872	52,72	19	19,2	0,9	581˙	107	688	12,79	0,519	0,629
Hintere Holderklinge (n. V.) .	B	76	1096	53,58	25	26,2	0,8	713	96	809	10,64	0,484	0,551
Kapuzinerschlag (n. V.). . .	2. B	90	832	54,70	29	27,3	0,5	723	88	811	9,01	0,480	0,540
Hirschlesbuck (S.)	1. B	101	452	52,63	39	36,5	0,5	856	62	918	9,08	0,464	0,493
Kapuzinerschlag (n. V.) . .	1. B	103	636	58,54	34	30,2	0,7	825	118	943	9,15	0,437	0,494
Hirschlesbuck (n. V.) . . .	2. B	111	796	67,67	33	30,5	0,5	907	80	987	8,89	0,429	0,469
Kapfenburg.													
Sohlhau (n. V.)	1. B	74	916	56,43	28	24,4	0,8	550	112	662	8,95	0,419	0,504
,, (n. V.)	2. B	77	564	56,36	36	28,2	0,6	733	92	825	10,72	0,446	0,499
Brandeck (n. V.)	1. B	83	696	61,28	33	29,4	0,7	761	81	842	10,14	0,430	0,473
,, (n. V.)	2. B	83	668	61,92	34	30,9	0,9	829	87	916	11,04	0,430	0,471
Waidschlag (n. V.) . . .	2. B	83	596	51,35	33	28,8	0,7	644	85	729	8,78	0,429	0,482
,, (n. V.) . . .	1. B	87	588	62,46	37	30,5	0,9	843	95	938	10,78	0,437	0,482
Schrezheim.													
Rothenbach 8 (n. V.) . . .	B	53	2632	45,08	15	17,7	1,3	465	98	563	10,63	0,500	0,662
Baindt.													
Stellplatz (n. V.)	C	37	2164	39,56	15	16,0	1,6	298	63	361	9,75	0,462	0,586
Schindelbacherhaag (Pfl.) . .	C	47	2008	54,16	18	18,3	1,4	433	173	606	12,88	0,492	0,637
Reishaufen d (n. V.) . . .	B	49	2208	41,99	15	18,3	—	400	85	485	9,90	0,492	0,600
Wolfswies (n. V.).	2. B	51	1214	42,18	21	20,6	1,1	465	102	567	11,12	0,482	0,656
Neuwies (n. V.)	C	53	1656	37,23	17	19,6	1,0	362	73	435	8,20	0,485	0,591
Wolfswies (n. V.).	1. B	56	1288	41,36	20	20,8	0,6	460	94	554	9,90	0,474	0,624

I. Bonität.

13

Härtnagelswies (n. V.)	1. C	60	1216	38,08	20	18,7	0,7	367	104	471	7,86	0,496	0,621
Tannenweg (n. V.)	4. C	63	1300	47,23	21	21,0	0,8	521	109	630	10,00	0,505	0,606
„	5. C	63	928	49,22	26	23,8	0,6	537	136	673	10,69	0,483	0,571
Hinterbannen (n. V.) . . .	B	73	638	49,07	31	28,6	0,8	596	87	683	9,35	0,453	0,541
Galgenweiherbühl (n. V.) . .	B	76	884	49,01	26	25,4	0,6	597	116	713	9,39	0,483	0,561
Schwefelbronnen (n. V.) . .	1. B	82	624	47,95	31	29,7	0,5	665	73	738	9,00	0,441	0,509
„ (n. V.) . .	3. B	94	538	50,46	35	32,1	0,5	724	99	823	8,75	0,447	0,529
„ (n. V.) . .	4. B	96	468	55,66	39	34,7	0,5	847	111	958	9,98	0,433	0,510
„ (n. V.) . .	2. B	98	512	53,90	37	33,3	0,6	797	95	892	9,10	0,436	0,503
Neuwies a (n. V.).	B	103	360	49,35	42	31,1	0,5	632	121	753	7,30	0,434	0,554
Weingarten.													
Postwies (Pfl.)	1. C	30	3276	39,05	12	11,8	—	262	106	368	12,29	—	—
„ (Pfl.)	2. B	30	4168	39,22	11	11,3	—	244	114	358	11,92	—	—
„ (Pfl.)	3. A	30	5258	37,41	9	10,1	—	193	131	324	10,80	—	—
Bergermösle (n. V.)	1. A	30	7604	38,25	8	10,9	—	200	118	318	10,60	—	—
„ (n. V.)	2. B	30	5512	36,12	9	11,0	—	219	113	332	11,05	—	—
„ (n. V.)	3. C	30	3614	35,37	—	11,9	—	253	89	342	11,40	—	—
Jägermoos (n. V.)	B	86	484	57,58	39	30,9	—	826	103	929	10,80	—	—

II. Bonität.

Mariä-Kappel.													
Hohenbergerschlag 12 (n. V.).	B	55	2316	40,53	15	16,4	1,3	394	104	498	9,06	0,485	0,701
Sichelholz 14 (n. V.) . . .	B	57	2760	39,22	13	14,3	1,5	298	97	395	6,94	0,475	0,697
Winterhalde 1 (n. V.) . . .	B	68	1636	37,03	17	18,7	1,1	482	108	590	8,68	0,520	0,672
„ 8 (n. V.) . . .	B	69	1712	44,57	18	18,9	1,0	437	107	544	7,89	0,469	0,604
Weippertshofen.													
Steinhaupt 4 (n. V.)	B	38	5596	32,04	9	9,8	1,6	131	146	277	7,30	0,345	0,794
Stimpfacherwald 21ᵃ (n. V.) .	B	70	1504	43,20	19	19,2	0,9	453	85	538	7,69	0,497	0,603
Dettenroden.													
Eichenrain (Pfl.)	3. B	25	9400	29,40	6	6,6	1,8	43	112	155	6,20	0,196	0,811
Ellenberg.													
Kleeberg 3 (n. V.)	1. B	67	2360	52,99	17	18,2	0,9	497	99	596	8,90	0,467	0,592
„ 3 (n. V.)	2. B	71	2560	47,75	15	17,8	0,8	466	86	552	7,77	0,445	0,610

Bezeichnung der Reviere und Abtheilungen	Bezeichnung der Versuchsflächen	Alter der Bestände	Der Hauptbestand (excl. Vornutzungen und Stockholz) ergab pro Hektar									Mittlere	
			Stammzahl	Kreisflächensumme 1,3 m vom Boden	Mittlerer Durchmesser	Mittlere Höhe	Mittlerer Längentrieb der letzten 5 Jahre	Derbholz	Reisholz	Zusammen	Durchschnittszuwachs	Derb-	Baum-
				Q.-M.	Centm.	Meter		Festmeter				Formzahl 1,3 m vom Boden	
II. Bonität.													
Hohenberg.													
Altes Schloss (n. V.) . . .	1. B	62	2268	51,77	17·	18,1	0,9	508	97	605	9,76	0,494	0,616
Vordere Holderklinge (n. V.) .	3. B	68	1940	50,10	18	20,2	0,5	536	97	633	9,30	0,498	0,605
„ „ (n. V.) .	2. B	76	1660	47,46	19	21,4	0,6	577	82	659	8,68	0,509	0,588
Sulzhau (n. V.)	B	81	1080	46,54	24	22,4	0,9	547	78	625	7,72	0,481	0,566
Vordere Holderklinge (n. V.) .	1. B	89	1060	50,75	25	24,4	0,6	627	92	719	8,08	0,484	0,538
Schrezheim.													
Schwenningerhalde (Pfl.) . .	1. B	30	5508	26,87	8	7,9	2,0	90	121	211	7,03	0,402	0,922
„ (Pfl.) . .	2. C	30	4992	23,69	8	7,8	2,1	63	99	162	5,38	0,332	0,893
Bergholz (n. V.)	B	48	4824	43,49	11	11,6	1,1	263	123	386	8,03	0,384	0,653
Baindt.													
Härtnagelswies (n. V.) . . .	2. B	44	5452	35,96	9	10,0	0,9	230	130	360	8,19	0,349	0,765
Moosöhrenreute (n. V.) . . .	B	63	1376	37,43	19	19,1	0,9	361	95	456	7,24	0,514	0,638
Tannenweg (n. V.)	2. B	65	1460	47,97	20	20,0	0,7	467	119	586	9,01	0,496	0,590
„ (n. V.)	3. C	65	1136	45,68	23	20,5	0,8	473	116	589	9,06	0,486	0,573
Reishaufen b (n. V.) . . .	1. B	65	994	41,14	23	22,2	0,9	428	87	515	7,92	0,463	0,554
„ b (n. V.) . . .	2. C	65	752	38,84	26	22,7	0,9	408	86	494	7,60	0,458	0,549
Tannenweg (n. V.)	1. B	69	1084	45,08	23	22,4	0,5	499	131	630	9,14	0,494	0,582
Gansbühl (u. V.)	B	31	6928	30,84	8	7,8	1,8	135	144	279	8,99	0,352	0,929
Weingarten.													
Brandplatz (n. V.)	B	56	2666	40,40	—	15,3	—	360	71	431	7,71	—	—
Wirthsplatz (n. V.)	1. B	68	1522	42,40	19	19,6	—	485	94	579	8,52	—	—
„ (n. V.)	2. C	68	1454	49,45	21	21,6	—	580	78	658	9,67	—	—

Rappenbühl (n. V.)	4. B	76	1404	45,24	20	20,3	—	499	84	583	7,68	—	—
„ (n. V.)	3. B	84	1028	48,55	24	23,6	—	613	84	697	8,30	—	—
„ (n. V.)	2. B	89	818	49,87	28	23,5	—	597	68	665	7,47	—	—
„ (n. V.)	1. B	99	586	52,98	34	27,0	—	677	90	767	7,74	—	—

III. Bonität.

Mariä-Kappel.													
Hohenbergerschlag 11 (n. V.)	B	41	7576	25,93	7	7,8	0,9	62	132	194	4,72	0,311	0,953
Dettenroden.													
Hornsberg (Pfl.)	1. B	24	6124	21,22	7	6,5	1,7	38	100	138	5,74	0,233	0,981
Nassenhau (S.)	2. C	46	3660	27,44	10	10,8	1,1	139	102	241	5,24	0,317	0,699
Wehling (S.)	C	46	3972	27,52	9	10,5	1,1	137	101	238	5,17	0,354	0,831
Ellenberg.													
Brandhalde 1 (n. V.)	B	62	3236	39,59	13	13,4	0,7	276	96	372	6,00	0,409	0,637
Stahlhalde 5 (n. V.)	B	63	2720	43,91	14	14,5	0,6	379	84	463	7,35	0,436	0,620
Hohenberg.													
Tannenburger Schlägle (n. V.)	B	70	2552	47,32	15	17,1	0,6	443	91	534	7,62	0,481	0,608
Forchenplatten (n. V.)	B	105	1160	44,32	22	19,0	0,5	414	80	494	4,71	0,460	0,560

IV. Bonität.

Mariä-Kappel.													
Schönebürg 32 (n. V.)	B	61	2996	28,26	11	11,0	0,8	166	89	255	4,17	0,428	0,759
Dettenroden.													
Eichenrain (S.)	1. B	44	7044	25,36	7	7,2	1,2	58	107	165	3,74	0,250	0,814
„ (S.)	2. C	44	6228	26,49	7	7,7	1,1	79	99	178	4,04	0,305	0,724
Reutehau (S.)	C	44	6340	26,38	7	8,5	1,5	62	116	178	4,04	0,279	0,739
Nassenhau (S.)	1. B	46	6188	24,96	7	8,1	0,8	74	109	183	3,99	0,262	0,794
Schrezheim.													
Griesholz 3 (n. V.)	B	42	10812	31,05	6	7,6	0,6	70	138	208	4,94	0,319	0,753
Baindt.													
Härtnagelswies (n. V.)	3. C	44	8764	26,43	6	7,5	0,6	90	110	200	4,54	0,369	0,896

II. Konstruktion der Ertragstafeln.

1. Entwurf der Höhenkurven.

Handelt es sich um die Aufstellung von Ertragstafeln, so muss man vor allen Dingen die Bestände, welche das Material zu denselben liefern sollen, in die einzelnen Standortsgüten oder Bonitäten einreihen. Wenn nun auch bei Beurtheilung der Bonitäten in den einzelnen Versuchsflächen der Humusgehalt, die Lage, Exposition, Tiefgründigkeit, Bindigkeit, Feuchtigkeit, geognostische Abstammung u. s. w. einen Massstab abgeben, wenn man ferner metertiefe Einschläge machte, um die Bodenschichten, Wurzelverbreitung u. s. w. zu studiren, so stellte es sich doch bald heraus, dass der untrüglichste Massstab für die Beurtheilung der Bonität in der mittleren Bestandeshöhe liege. Zwar bleiben in jüngeren, dicht erzogenen, 20—30jährigen, aus natürlichen oder künstlichen Saaten entstandenen Beständen, im Falle dieselben nicht rechtzeitig durchforstet wurden, die Scheitelhöhen im Verhältniss zur Standortsgüte etwas zurück, während auf gleichem Standorte sich befindliche Pflanzbestände hinsichtlich ihrer Höhen etwas voran eilen, aber dieses Verhältniss ändert sich sofort, wenn einmal allenthalben die Durchforstungen rechtzeitig ausgeführt werden. Es ist überhaupt ein Irrthum zu glauben, das Längewachsthum der Bestände werde in recht dichtem Bestandesschluss befördert, im Gegentheil, die Höhen bleiben, durch den langen und schweren Kampf der einzelnen Bäume um die Herrschaft, zurück und nur die Schaftreinheit wird gesteigert.

Es scheint uns ebenfalls noch eine offene Frage zu sein, ob man in Zukunft nicht für Saat- und Pflanzbestände besondere Ertragstafeln aufstellen soll, da der Zuwachsgang je nach der Art der Bestandesbegründung jedenfalls ein anderer ist.

Um nun die Bestandeshöhe zur Beurtheilung der Bonitäten benutzen zu können, wurde dieselbe in allen 99 Versuchsflächen aus den zur Fällung gelangten Probestämmen bis auf Deci-

meter genau ermittelt. Die Ergebnisse sind in vorstehender Uebersicht enthalten. Aus den dort mitgetheilten Höhen ergaben sich die Höhencurven, Tafel I, wie folgt:

Auf eine horizontale Linie (Abscisse) wurden die Alter in gleichen Abständen von 0 bis 120 Jahren dargestellt, auf dieselben senkrechte Ordinate errichtet und hierauf wieder die in den einzelnen Versuchsflächen gefundenen mittleren Bestandeshöhen bis auf Decimeter genau aufgetragen. Es stellte sich nun sofort heraus, dass gleichaltrige Normalbestände sehr verschiedene Höhen besitzen können, eben weil die Standortsgüten verschieden sind. Fast jeder Bestand besitzt streng genommen einen von andern Beständen wieder etwas abweichenden Standort. Die Aufgabe besteht daher für wissenschaftliche und wirthschaftliche Zwecke nur darin, diese vielen Standorte in wenigen leicht zu charakterisirenden Bonitätsklassen unterzubringen. Wir entschieden uns aus den bereits angeführten Gründen für die Ausscheidung von fünf Bonitäten. Unser bis jetzt gesammeltes Material reicht aber nur für vier Bonitäten aus, weil es in einzelnen Theilen des Landes, z. B. in den Hochlagen des Schwarzwaldes, jedenfalls Bestände noch schlechterer Bonität giebt, als diejenigen sind, welche wir in unsern bis jetzt aufgenommenen schlechtesten Versuchsflächen gefunden haben.

Wir theilen daher auf Tafel I. den Raum, welcher zwischen den höchsten und niedrigsten Bestandeshöhen vom Jahre 0 bis 120 hinauf liegt, in vier möglichst gleiche Streifen, welche sich natürlich vom Jahr 0 bis 120 fortwährend, erweitern. Es müssen dann die aufgetragenen Höhen-Punkte, welche in den obersten Streifen fallen, den Beständen I. (bester) Bonität, die in den zweiten Streifen fallenden Punkte aber Beständen II. Bonität angehören u. s. w. Nun wurden aus den der I. Bonität angehörigen Beständen in zweckmässig erscheinenden Altersabständen aus den zunächst liegenden Höhen Mittelwerthe in der Art berechnet, dass man die Höhen der zu einem Mittelwerth zusammengezogenen Bestände alle auf ein bestimmtes Alter reducirte und aus den so gefundenen Höhen das Mittel zog. Es ergaben sich auf diese Art z. B. in der I. Bonität mittlere Höhenwerthe für die Bestandesalter 24, 30, 46, 60, 76, 86 und 103, welche auf Tafel I. durch liegende Kreuzchen angedeutet sind. Durch diese Mittelwerthe und theilweise zwischen denselben hindurch wurde nun aus freier Hand eine den Höhenzuwachsgesetzen folgende Linie, die Höhenkurve gezogen, wie solches aus Tafel I. ersichtlich ist. Mit den übrigen Bonitäten wurde gerade so verfahren, nur dass für die weniger häufig vorkommende III. und IV. Bonität das Material noch nicht so reichlich beisammen ist, als dass diese Höhenkurven als ganz tadellos betrachtet werden könnten.

Noch muss bemerkt werden, dass die Mittelwerthe erster Bonität für 20—40jährige Bestände nicht unbeträchtlich über der gezogenen Kurve liegen, was vielleicht auffallen könnte. Wir glaubten uns zur Ziehung der Kurven in der vorliegenden Form berechtigt, weil die 24 und 30 Jahre alten Bestände I. Bonität durchweg Pflanzbestände waren, deren Höhen sich etwas rascher entwickeln, als in dichten künstlichen oder natürlichen Saatbeständen, wie man sie doch noch sehr häufig und namentlich in den mittleren und älteren Altersklassen findet. Für 20—40jährige Pflanzbestände können daher die Höhen um 5 bis 10 % höher angenommen werden, als die Kurve ergiebt.

Nachdem in der beschriebenen Weise die Höhenkurven für die verschiedenen Bonitäten geschaffen waren, konnte man die den einzelnen Bonitäten in jedem Lebensjahr entsprechenden Höhen leicht mit dem Zirkel abgreifen und in die nachfolgenden Ertragstafeln eintragen. Man hatte so den einfachsten und sichersten Massstab für die Einschätzung konkreter Bestände in die richtige Standortsklasse gefunden.

2. Entwurf der Kreisflächenkurven.

Obgleich wir die Bestandeshöhe als den wichtigsten Massstab für die Beurtheilung der Standortsgüte erkannt haben, so ist doch auch die Kreisflächensumme des Bestandes für die Flächeneinheit (Hektar), bezogen auf 1,3 Meter über dem Boden und ermittelt für alle Bestandesalter und Bonitäten, namentlich dann von Werth, wenn es sich darum handelt, die Holzmasse eines konkreten und nicht überall normal bestockten Bestandes mit Hülfe von Ertragstafeln rasch und ohne Fällung von Probestämmen zu bestimmen. Hätte z. B. der auf seine Masse zu untersuchende konkrete Bestand nur 0,75 der Kreisflächensumme des Normalbestandes der Ertragstafel, Höhe und Alter wären aber in beiden gleich, so wird auch ersterer nur 0,75 so viel Masse pro Hektar als letzterer haben, d. h. die Holzmassen sind in diesem Falle proportional den Kreisflächensummen. Wir legen zwar auf diesen Punkt gerade keinen grossen Werth, weil, wenn man in einem konkreten Bestand doch dessen Kreisflächensumme und Höhe ermitteln muss, sich bekanntlich aus dem Produkte der beiden letzteren multiplicirt mit der zugehörigen Formzahl die Holzmasse direkt und ohne Ertragstafeln ergibt.

Abgesehen hiervon ist aber auch für Wirthschaft und Wissenschaft die Untersuchung der Kreisflächenmehrung normaler Bestände von deren Begründung bis zur Haubarkeit nicht uninteressant. Wir brachten daher in Tafel II. auch die Kreisflächensumme für die einzelnen Bestandesalter und Bonitäten in Form von Kurven zur Anschauung. Es wurde hierbei wie folgt verfahren: In allen 99 Versuchsflächen wurden zunächst die Kreisflächensummen der vorhandenen Stämme 1,3 Meter über dem Boden pro Hektar und ausgedrückt in Quadratmetern ermittelt. Hierauf trug man auf eine horizontale Linie in gleichen Abständen die einzelnen Jahre von 0—120 auf, errichtete in den einzelnen Punkten Senkrechte, auf welche die für die einzelnen Alter und Bonitäten gefundenen Kreisflächen ebenfalls in einem bestimmten Massstabe abgestochen wurden. Endlich berechnete man innerhalb jeder Bonität aus den Kreisflächensummen Mittelwerthe, indem man die hinsichtlich ihrer Alter nicht weit auseinander liegenden Versuchsflächen gruppenweise zusammenzog, diese Mittelwerthe ebenfalls auftrug, durch dieselben resp. zwischen denselben hindurch aus freier Hand für jede Bonität eine Kurve zog und so ein Bild erhielt, wie die Kreisflächensummen der Bestände in den verschiedenen Lebensaltern allmählich anwachsen. Noch muss bemerkt werden, dass diese Kreisflächensummen der 20—40jährigen Bestände I. Bonität in Wirklichkeit etwas grösser sind, als solches aus der Kreisflächenkurve hervorgeht, allein die in dieser Altersperiode untersuchten Bestände waren zufällig lauter Pflanzbestände, in welchen sich die Kreisflächensumme etwas grösser ergab, als in gleich alten, künstlich oder natürlich begründeten Saatbeständen; wir hielten uns daher für berechtigt, hier einen Abstrich von wenigen Procenten anzubringen. Selbstverständlich wichen die Kreisflächensummen von Beständen gleicher Standortsgüte und gleicher Alter hin und wieder nicht unbeträchtlich von einander ab, weil, trotzdem man möglichst normale Versuchsflächen auswählte, dieselben doch in verschiedenen Revieren und Perioden ihres Lebens keine ganz gleiche Behandlung erfuhren. Immerhin kamen aber diese Differenzen in den Durchschnittswerthen zu einem recht befriedigenden Ausgleich, und stellen daher auch die in Tafel II. enthaltenen Kurven den Zuwachsgang der Kreisflächen mit wachsendem Bestandesalter in überzeugender Weise dar. Schliesslich sei noch bemerkt, dass die in den nachfolgenden Ertragstafeln von Jahr zu Jahr beigefügten mittleren Kreisflächensummen pro Hektar aus der Tafel II. entnommen und übertragen wurden.

3. Entwurf der Stammzahlkurven.

Wenn ein junger Bestand künstlich oder natürlich begründet wird, so ist bekanntlich die Stammzahl pro Flächeneinheit in der ersten Jugendzeit am grössten, nach und nach breiten sich die einzelnen Stämmchen immer mehr aus, die Aeste rücken näher auf einander, es entsteht ein Kampf um Licht und Nahrungsraum, der damit endigt, dass die schwächeren Exemplare absterben oder unterdrückt werden. Die Stammzahl pro Flächeneinheit wird hierdurch von Jahr zu Jahr kleiner und vermindert sich um so rascher, je frühzeitiger und häufiger man diesen Kampf durch Einlegung von Durchforstungshieben zu beendigen sucht. Während in einem angesäeten Fichtenbestand am Anfange der Umtriebszeit pro Hektar Hunderttausende von Pflanzen stehen können, sind am Ende derselben kaum noch

500—600 Stämme vorhanden. Es ist nun gar nicht uninteressant und auch von wirthschaftlicher Bedeutung, das Gesetz der Stammzahlabnahme durch alle Jahre der Umtriebszeit hindurch figürlich darzustellen und nachzuweisen. Hierbei darf nun allerdings nicht übersehen werden, dass im jugendlichen Alter, und so lange die Bestände nicht ordnungsmässig durchforstet wurden, die Stammzahl pro Hektar in Pflanzbeständen eine weit geringere, als in künstlichen oder natürlichen Saatbeständen sein wird. Auch muss angenommen werden, dass seither in den verschiedenen Revieren des Landes nicht überall nach ganz gleichen Grundsätzen durchforstet wurde. Trotzdem konnten wir aus unserm reichen Untersuchungsmaterial das Resultat ziehen, dass die Stammzahlen mormaler Bestände von gleichen Altern und Bonitäten wenigstens von dem Moment an, wo die Bestände schon mehrere Male regelmässig durchforstet wurden, nicht mehr so beträchtlich von einander abweichen, als dass man nicht das Gesetz der Abnahme der Stammzählen durch die verschiedenen Jahre der Umtriebszeit mit befriedigender Sicherheit ziffermässig nachweisen könnte.

Es wurden daher auch in sämmtlichen 99 Versuchsflächen die Stammzahlen des bleibenden Bestandes ermittelt und auf das Hektar reducirt in vorstehender Uebersicht Seite 11—15 aufgenommen. Auf Grundlage dieses Materials ergaben sich die Stammzahlkurven, Tafel III, für I. u. II. Bonität. Es geht aus derselben hervor, dass die Stammzahlen in Beständen II. Bonität im jugendlichen und mittleren Alter nicht unbeträchtlich höher sind, als in Beständen I. Bonität, dass aber diese Differenzen gegen das Ende der Umtriebszeit immer kleiner werden. Stammzahlkurven für Bestände III. und IV. Bonitäten wagten wir nicht aufzustellen, weil uns das bis jetzt zur Verfügung stehende Material noch nicht ausreichend erschien: Wir vermuthen jedoch, dass die Stammzahlen geringerer Bonitäten nicht wesentlich höher sein werden als bei der II. Bonität; denn wenn auch der Kampf um's Dasein bei schlechteren Bonitäten etwas länger andauert, so darf doch auch nicht übersehen werden, dass man mit dem Anspruche an die Normalität der Bestände in dem

Verhältniss etwas herabsteigen muss, als die Standortsgüten geringer werden.

Hinsichtlich der Konstruktion der Stammzahlkurven sei noch kurz bemerkt, dass die Tafel III nur die Stammzahl normaler Bestände pro 0,25 Hektar enthält. Würden wir auch hier ein ganzes Hektar zu Grunde gelegt haben, so hätten wir entweder einen zu kleinen Massstab wählen, oder die Tafel vierfach grösser als die andern machen müssen, was nicht zweckmässig erschien. Ueberdies bleibt ja die Form der Kurve ganz dieselbe, ob man überall die gleichen Bruchtheile oder ganze Hektare zu Grunde legt. Die horizontalen Linien stellen wieder die Alter der Bestände dar, senkrecht auf dieselben wurden die in den verschiedenen Lebensaltern wirklich pro 0,25 Hektar gefundenen Stammzahlen aufgetragen. Schliesslich in der schon mehrmals geschilderten Weise Mittelwerthe berechnet und aufgetragen und durch dieselben die Kurvenlinien gezogen. Die in den nachfolgenden Ertragstafeln I. und II. Bonität für die Bestandesalter 1—120 angegebenen durchschnittlichen Stammzahlen wurden dadurch erhalten, dass man von Tafel III die Stammzahlen pro 0,25 Hektar abgriff und mit vier multiplicirte. Will man nun den Bestockungsgrad irgend eines konkreten Bestandes feststellen, so ist solches dadurch jetzt wesentlich erleichtert, dass in unsern Ertragstafeln die Stammzahlen unter Voraussetzung normaler Bestockung enthalten sind.

Fände man z. B. in einem konkreten 80jährigen Fichtenbestande I. Bonität noch 500 Stämme pro Hektar, während die Normalertragstafel als normale Bestockung 792 Stück angibt, so wäre die wirkliche Bestockung nur $500 : 792 = 0,63$ der normalen. Auch die Holzmasse des konkreten Bestandes würde dann ganz nahe 0,63 der normalen sein, wenn die Ursache der geringeren Bestockung in mehr oder weniger grossen Bestandeslücken und Blössen, nicht aber in einer gleichmässig vertheilten Lichtstellung zu suchen wäre, wie man sie z. B. in Vorbereitungsschlägen findet. In bereits zum Zwecke der Verjüngung längere Zeit angehauenen Beständen bildet natürlich, wegen des Lichtungszuwachses, die noch vorhandene Stammzahl keinen sicheren Massstab zur Beurtheilung der noch stockenden Holzmasse mehr.

4. Entwurf der Ertrags- oder Zuwachskurven.

Die Bonitirung der 99 Versuchsflächen erfolgte auf Grundlage der Höhenkurven, Tafel I, die Holzmasse in denselben wurde nach den neuesten Vereinbarungen deutscher Forstverwaltungen getrennt nach Derb- und Reisholz aufgenommen. Hieraus ergab sich denn auch die Nothwendigkeit, eine Ertragskurve für Derbholz, Tafel IV, (d. h. ganze oberirdische Holzmasse über 7 cm Durchmesser) und eine solche für Derb- und Reisholz, Tafel V (d. h. die gesammte oberirdische Holzmasse bis zum Stockabschnitt), beide ohne die Zwischennutzungsmasse, aufzustellen.

Was zunächst die Konstruktion der Normalertragskurve für das Derbholz, Tafel IV, betrifft, so verfuhr man hierbei wie folgt: Auf eine horizontale Linie wurden in gleichen Abständen die Bestandesalter von 0 bis 120 aufgetragen, auf diese Senkrechte errichtet, auf welche die in den einzelnen Versuchsflächen wirklich gefundenen Derbholzmassen pro Hektar und getrennt nach Bonitäten aus vorstehender Uebersicht Seite 11—15 abgestochen wurden. Man erhielt so z. B. für die 52 Versuchsflächen I. Bonität 52 einzelne Punkte, welche mit zunehmendem Bestandesalter sich immer weiter von der horizontalen Linie (Abscisse) entfernten und durch welche hindurch die Zuwachskurven gezogen werden mussten. Zu diesem Behufe wurden die hinsichtlich ihrer Alter zunächst beisammen liegenden Versuchsflächen gruppirt, für jede Gruppe die durchschnittliche Derbmasse berechnet und aufgetragen. Es entstanden so auf der Tafel die liegenden Kreuzchen, durch welche und zwischen welchen hindurch die der Wahrscheinlichkeit nach genaueste Kurve gezogen wurde. Mit den übrigen Bonitäten wurde gerade so verfahren. Auch Tafel V, welche die Kurven für das Derb- und Reisholz enthält, entstand in der gleichen Weise, nur wurden auf die senkrechten Ordinaten die vereinigten Derb- und Reisholzmassen pro Hektar aufgetragen. Nachdem man so die

Normalertragskurven konstruirt hatte, war es ein leichtes, mittelst
des Zirkels von Tafel IV und V die jeder Bonität und jedem
Bestandesalter entsprechende Holzmasse abzugreifen und in die
nachfolgenden Ertragstafeln zu übertragen. Die wirklichen Be-
standesmassen I. Bonität, welche in den Jahren 24 und 30 gefunden wurden, sind etwas grösser als die Ertragskurve angibt.
Wir glaubten aber die Kurve nicht durch den Durchschnittswerth
im 24. und 30. Jahre ziehen zu dürfen, weil es sich hier zufällig um lauter Pflanzbestände handelte, welche eine etwas
grössere Holzmasse lieferten, als wenn sie aus natürlichen Verjüngungen oder Saaten entstanden wären. Es folgt aus dieser
Wahrnehmung aber gerade, dass der Zuwachsgang in Pflanzbeständen wenigstens bis in's mittlere Alter ein anderer als in
Saatbeständen ist, und dass es sich darum wohl rechtfertigen
lässt, die Frage der getrennten Aufstellung von Ertragstafeln
für beide Begründungsarten anzuregen.

Wir lassen nun unsere Normalertragstafeln I., II., III. und
IV. Bonität für die Fichte folgen, wie sie aus den Kurven der
Tafeln I—V hervorgegangen sind. Es ist zu denselben weiter
nichts mehr zu bemerken, als dass wir ihnen auch noch für
Derbholz sowohl als für Derb- und Reisholz den laufenden und
durchschnittlichen Zuwachs, sowie die zugehörigen Zuwachsprocente beigefügt haben, um so unsere Resultate leichter mit
denjenigen anderer Autoren vergleichen zu können.

Normal-Ertragstafeln für die Fichte.
I. Bonität.

Alter.	Stamm-zahl	Kreis-flächen-summe 1,3 m vom Boden	laufender Höhenzuwachs	durch-schnitt-licher Höhenzuwachs	Mittlere Höhe	Derb-holz	Derb- und Reis-holz	des Derbholzes laufender Zuwachs	des Derbholzes durch-schnitt-licher Zuwachs	des Derb- und Reisholzes laufender Zuwachs	des Derb- und Reisholzes durch-schnitt-licher Zuwachs	Zuwachs-procent des Derb-holzes	Zuwachs-procent des Derb- u. Reis-holzes
Jahre		Q.-Mtr.	Meter		Meter	Festmeter							
1	—	0,2	0,0	—	0,0	0	1	—	—	—	1,0	—	—
2	—	0,8	0,0	—	0,0	0	3	—	—	2	1,5	—	200
3	—	1,5	0,1	—	0,1	0	6	—	—	3	2,0	—	100
4	—	2,2	0,1	—	0,2	0	10	—	—	4	2,5	—	66
5	—	3,0	0,1	—	0,3	0	15	—	—	5	3,0	—	50
6	—	4,0	0,1	—	0,4	0	20	—	—	5	3,3	—	33
7	—	5,2	0,1	—	0,5	0	25	—	—	5	3,6	—	25
8	—	6,3	0,1	—	0,6	0	30	—	—	5	3,8	—	20
9	—	7,5	0,2	—	0,8	2	35	—	0,2	5	4,0	—	17
10	—	8,7	0,2	0,10	1,0	5	40	3	0,5	5	4,0	150	14
11	—	10,0	0,2	0,11	1,2	10	46	5	0,9	6	4,2	100	15
12	—	11,5	0,2	0,12	1,4	16	53	6	1,3	7	4,4	60	15
13	—	13,0	0,3	0,13	1,7	22	61	6	1,7	8	4,7	38	15
14	—	14,5	0,3	0,14	2,0	28	70	6	2,0	9	5,0	27	15
15	—	16,0	0,3	0,15	2,3	35	80	7	2,3	10	5,3	25	14
16	—	17,4	0,4	0,17	2,7	42	91	7	2,6	11	5,7	20	14
17	—	18,7	0,4	0,18	3,1	49	102	7	2,9	11	6,0	17	12
18	—	20,0	0,4	0,20	3,5	56	113	7	3,1	11	6,3	14	11
19	—	21,3	0,4	0,21	3,9	63	125	7	3,3	12	6,6	13	11
20	6400	22,5	0,5	0,22	4,4	70	137	7	3,5	12	6,8	11	9,6
21	6176	23,6	0,6	0,24	5,0	78	149	8	3,7	12	7,1	11	8,8
22	5952	24,6	0,6	0,25	5,6	86	162	8	3,9	13	7,4	10	8,7
23	5728	25,6	0,6	0,27	6,2	94	175	8	4,1	13	7,6	9,3	8,3
24	5504	26,6	0,6	0,28	6,8	103	188	9	4,3	13	7,8	9,6	7,4
25	5280	27,5	0,6	0,30	7,4	113	202	10	4,5	14	8,1	9,7	7,4
26	5064	28,4	0,6	0,31	8,0	123	216	10	4,7	14	8,3	8,9	6,9
27	4848	29,3	0,6	0,32	8,6	133	231	10	4,9	15	8,6	8,1	6,9
28	4632	30,2	0,6	0,33	9,2	144	246	11	5,1	15	8,8	8,3	6,5
29	4416	31,1	0,6	0,34	9,8	155	261	11	5,3	15	9,0	7,6	6,1
30	4200	32,0	0,5	0,34	10,3	166	276	11	5,5	15	9,2	7,1	5,7

Normal-Ertragstafeln für die Fichte.
I. Bonität.

Alter.	Stammzahl	Kreisflächensumme 1,3 m vom Boden	laufender	durchschnittlicher	mittlere Höhe	Derbholz	Derb- und Reisholz	des Derbholzes laufender	des Derbholzes durchschnittlicher	des Derb- und Reisholzes laufender	des Derb- und Reisholzes durchschnittlicher	des Derbholzes	des Derb- u. Reisholzes
												des Derbholzes	**des Derb- u. Reisholzes**
Jahre		Q.-Mtr.	Meter		Meter			Festmeter					
31	4024	32,9	0,5	0,35	10,8	177	290	11	5,7	14	9,4	6,6	5,1
32	3848	33,8	0,5	0,35	11,3	189	304	12	5,9	14	9,5	6,8	4,9
33	3672	34,6	0,5	0,36	11,8	201	318	12	6,1	14	9,6	6,4	4,6
34	3496	35,4	0,5	0,36	12,3	213	322	12	6,3	14	9,8	6,0	4,4
35	3320	36,2	0,5	0,37	12,8	226	346	13	6,5	14	9,9	6,1	4,2
36	3182	37,0	0,5	0,37	13,3	240	360	14	6,7	14	10,0	6,2	4,1
37	3044	37,8	0,5	0,37	13,8	254	373	14	6,9	13	10,1	6,0	3,6
38	2906	38,6	0,5	0,38	14,3	269	386	15	7,1	13	10,2	5,9	3,5
39	2768	39,4	0,4	0,38	14,7	284	399	15	7,3	13	10,2	5,6	3,4
40	2632	40,1	0,4	0,38	15,1	299	412	15	7,5	13	10,3	5,3	3,3
41	2531	40,7	0,4	0,38	15,5	313	425	14	7,7	13	10,4	4,7	3,2
42	2430	41,3	0,4	0,38	15,9	327	438	14	7,8	13	10,4	4,5	3,1
43	2329	41,9	0,4	0,38	16,3	340	451	13	7,9	13	10,5	4,0	3,0
44	2228	42,5	0,4	0,38	16,7	353	463	13	8,0	12	10,5	3,8	2,7
45	2128	43,1	0,4	0,38	17,1	366	475	13	8,1	12	10,6	3,7	2,6
46	2060	43,6	0,4	0,38	17,5	378	486	12	8,2	11	10,6	3,3	2,3
47	1992	44,0	0,4	0,38	17,9	390	496	12	8,3	10	10,6	3,2	2,1
48	1924	44,4	0,4	0,38	18,3	402	506	12	8,4	10	10,6	3,1	2,0
49	1856	44,8	0,3	0,38	18,6	414	516	12	8,4	10	10,5	3,0	2,0
50	1788	45,2	0,3	0,38	18,9	425	526	11	8,5	10	10,5	2,7	1,9
51	1731	45,5	0,3	0,38	19,2	436	535	10	8,6	9	10,5	2,4	1,7
52	1674	45,8	0,3	0,38	19,5	446	544	10	8,6	9	10,5	2,3	1,7
53	1617	46,1	0,3	0,37	19,8	456	553	10	8,6	9	10,4	2,2	1,7
54	1560	46,4	0,3	0,37	20,1	466	562	10	8,6	9	10,4	2,2	1,6
55	1504	46,7	0,3	0,37	20,4	476	571	10	8,7	9	10,4	2,1	1,6
56	1457	47,0	0,3	0,37	20,7	486	580	10	8,7	9	10,4	2,0	1,6
57	1410	47,3	0,3	0,37	21,0	495	589	9	8,7	9	10,3	1,9	1,6
58	1364	47,6	0,3	0,37	21,3	504	598	9	8,7	9	10,3	1,8	1,5
59	1318	47,9	0,3	0,37	21,6	513	607	9	8,7	9	10,3	1,8	1,5
60	1272	48,2	0,3	0,36	21,9	522	616	9	8,7	9	10,3	1,8	1,5

Normal-Ertragstafeln für die Fichte.
I. Bonität.

Alter	Stamm-zahl	Kreis-flächen-summe 1,3 m vom Boden	lau-fender	durch-schnitt-licher	mittlere Höhe	Derb-holz	Derb-und Reis-holz	des Derbholzes lau-fender	des Derbholzes durch-schnitt-licher	des Derb- und Reisholzes lau-fender	des Derb- und Reisholzes durch-schnitt-licher	Zuwachsprocent des Derb-holzes	Zuwachsprocent des Derb-u. Reis-holzes
				Höhenzuwachs				Zuwachs		Zuwachs			
Jahre		Q.-Mtr.	Meter		Meter			Festmeter					
61	1237	48,5	0,3	0,36	22,2	531	625	9	8,7	9	10,3	1,7	1,5
62	1202	48,8	0,3	0,36	22,5	540	633	9	8,7	8	10,2	1,7	1,3
63	1168	49,1	0,3	0,36	22,8	549	641	9	8,7	8	10,2	1,7	1,3
64	1134	49,4	0,3	0,36	23,1	558	649	9	8,7	8	10,2	1,6	1,3
65	1100	49,7	0,3	0,36	23,4	567	657	9	8,7	8	10,1	1,6	1,2
66	1072	50,0	0,3	0,36	23,7	575	665	8	8,7	8	10,1	1,4	1,2
67	1045	50,3	0,3	0,36	24,0	583	673	8	8,7	8	10,1	1,4	1,2
68	1018	50,6	0,3	0,36	24,3	591	681	8	8,7	8	10,1	1,4	1,2
69	991	50,9	0,3	0,36	24,6	599	689	8	8,7	8	10,0	1,4	1,2
70	964	51,1	0,3	0,36	24,9	607	697	8	8,7	8	9,9	1,3	1,2
71	945	51,3	0,3	0,36	25,2	615	705	8	8,7	8	9,9	1,3	1,1
72	926	51,5	0,3	0,35	25,5	623	712	8	8,7	7	9,9	1,3	1,0
73	908	51,7	0,3	0,35	25,8	631	719	8	8,7	7	9,9	1,3	1,0
74	890	51,9	0,3	0,35	26,1	639	726	8	8,6	7	9,9	1,3	1,0
75	872	52,1	0,3	0,35	26,4	647	733	8	8,6	7	9,8	1,3	1,0
76	856	52,3	0,3	0,35	26,7	655	740	8	8,6	7	9,8	1,2	1,0
77	840	52,5	0,3	0,35	27,0	663	747	8	8,6	7	9,7	1,2	0,9
78	824	52,7	0,3	0,35	27,3	671	754	8	8,6	7	9,7	1,2	0,9
79	808	52,9	0,3	0,35	27,6	679	761	8	8,6	7	9,6	1,2	0,9
80	792	53,1	0,3	0,35	27,9	687	768	8	8,6	7	9,6	1,2	0,9
81	777	53,3	0,2	0,35	28,1	695	775	8	8,6	7	9,6	1,2	0,9
82	762	53,5	0,2	0,35	28,3	703	782	8	8,6	7	9,5	1,2	0,9
83	748	53,7	0,2	0,34	28,5	711	789	8	8,6	7	9,5	1,1	0,9
84	734	53,9	0,2	0,34	28,7	719	796	8	8,6	7	9,5	1,1	0,9
85	720	54,1	0,2	0,34	28,9	727	803	8	8,6	7	9,5	1,1	0,9
86	708	54,3	0,2	0,34	29,1	734	810	7.	8,5	7	9,4	1,0	0,9
87	697	54,5	0,2	0,34	29,3	741	817	7	8,5	7	9,4	1,0	0,9
88	686	54,7	0,2	0,34	29,5	748	824	7	8,5	7	9,4	1,0	0,9
89	675	54,9	0,2	0,34	29,7	755	331	7	8,5	7	9,3	0,9	0,9
90	664	55,1	0,2	0,33	29,9	762	838	7	8,5	7	9,3	0,9	0,8

Normal-Ertragstafeln für die Fichte.
I. Bonität.

Alter.		Der Hauptbestand ergab pro Hektar (excl. Zwischennutzungen und Stockholz)											Zuwachsprocent	
	Stammzahl	Kreisflächensumme 1,3 m vom Boden	laufender Höhenzuwachs	durchschnittlicher Höhenzuwachs	mittlere Höhe	Derbholz	Derb- und Reisholz	des Derbholzes laufender Zuwachs	des Derbholzes durchschnittlicher Zuwachs	des Derb- und Reisholzes laufender Zuwachs	des Derb- und Reisholzes durchschnittlicher Zuwachs	des Derbholzes.	des Derb- u. Reisholzes.
Jahre		Q.-Mtr.	Meter		Meter	Festmeter							
91	656	55,3	0,2	0,33	30,1	769	845	7	8,5	7	9,3	0,9	0,8
92	649	55,5	0,2	0,33	30,3	776	852	7	8,4	7	9,3	0,9	0,8
93	642	55,7	0,2	0,33	30,5	783	859	7	8,4	7	9,2	0,9	0,8
94	635	55,9	0,2	0,33	30,7	790	866	7	8,4	7	9,2	0,9	0,7
95	628	56,1	0,2	0,33	30,9	797	872	7	8,4	6	9,2	0,9	0,7
96	622	56,3	0,2	0,32	31,1	804	878	7	8,4	6	9,1	0,9	0,7
97	616	56,5	0,2	0,32	31,3	811	884	7	8,4	6	9,1	0,9	0,7
98	610	56,7	0,2	0,32	31,5	818	890	7	8,4	6	9,1	0,9	0,7
99	605	56,9	0,2	0,32	31,7	825	896	7	8,3	6	9,1	0,9	0,7
100	600	57,1	0,2	0,32	31,9	832	902	7	8,3	6	9,0	0,8	0,7
101	595	57,3	0,2	0,32	32,1	839	908	7	8,3	6	9,0	0,7	0,7
102	590	57,5	0,2	0,32	32,3	845	914	6	8,3	6	9,0	0,7	0,7
103	585	57,7	0,2	0,32	32,5	851	920	6	8,3	6	8,9	0,7	0,7
104	580	57,9	0,2	0,31	32,7	857	926	6	8,2	6	8,9	0,7	0,7
105	576	58,1	0,2	0,31	32,9	863	932	6	8,2	6	8,9	0,7	0,6
106	573	58,3	0,2	0,31	33,1	869	938	6	8,2	6	8,8	0,7	0,6
107	570	58,5	0,2	0,31	33,3	875	944	6	8,2	6	8,8	0,6	0,6
108	568	58,7	0,2	0,31	33,5	880	950	5	8,2	6	8,8	0,6	0,6
109	566	58,9	0,2	0,31	33,7	885	956	5	8,1	6	8,8	0,6	0,6
110	564	59,0	0,2	0,31	33,9	890	962	5	8,1	6	8,7	0,6	0,6
111	564	59,1	0,2	0,31	34,1	895	968	5	8,1	6	8,7	0,6	0,6
112	563	59,2	0,1	0,31	34,2	900	974	5	8,0	6	8,7	0,6	0,6
113	563	59,3	0,1	0,30	34,3	905	980	5	8,0	6	8,7	0,6	0,5
114	562	59,4	0,1	0,30	34,4	910	985	5	8,0	5	8,6	0,5	0,5
115	562	59,5	0,1	0,30	34,5	915	990	5	7,9	5	8,6	0,5	0,5
116	562	59,6	0,1	0,30	34,6	920	995	5	7,9	5	8,6	0,5	0,5
117	561	59,7	0,1	0,30	34,7	925	1000	5	7,9	5	8,6	0,5	0,5
118	561	59,8	0,1	0,30	34,8	930	1005	5	7,9	5	8,5	0,5	0,5
119	560	59,9	0,1	0,29	34,9	935	1010	5	7,8	5	8,5	0,5	0,5
120	560	60,0	0,1	0,29	35,0	940	1015	5	7,8	5	8,5	0,5	0,5

Normal-Ertragstafeln für die Fichte.
II. Bonität.

Alter.	Stamm-zahl	Kreis-flächen-summe 1,3 m vom Boden	laufender Höhenzuwachs	durchschnittlicher Höhenzuwachs	mittlere Höhe	Derbholz	Derb- und Reisholz	des Derbholzes laufender Zuwachs	des Derbholzes durchschnittlicher Zuwachs	des Derb- und Reisholzes laufender Zuwachs	des Derb- und Reisholzes durchschnittlicher Zuwachs	Zuwachsprocent des Derbholzes	Zuwachsprocent des Derb- u. Reisholzes
Jahre		Q.-Mtr.	Meter		Meter	Festmeter							
1	—	0,2	—	—	0,0	0	1	—	—	—	1,0	—	—
2	—	0,8	—	—	0,0	0	2	—	—	1	1,0	—	150
3	—	1,5	—	—	0,0	0	5	—	—	3	1,6	—	60
4	—	2,2	0,1	0,02	0,1	0	8	—	—	3	2,0	—	38
5	—	3,0	0,1	0,04	0,2	0	11	—	—	3	2,1	—	27
6	—	3,8	0,1	0,05	0,3	0	14	—	—	3	2,3	—	28
7	—	4,6	0,1	0,06	0,4	0	18	—	—	4	2,6	—	22
8	—	5,5	0,1	0,06	0,5	0	22	—	—	4	2,7	—	18
9	—	6,5	0,1	0,07	0,6	0	26	—	—	4	2,9	—	15
10	—	7,5	0,1	0,07	0,7	0	30	—	—	4	3,0	—	17
11	—	8,5	0,1	0,08	0,8	1	35	1	0,1	5	3,1	200	14
12	—	9,6	0,2	0,08	1,0	3	40	2	0,3	5	3,4	100	12
13	—	10,7	0,2	0,09	1,2	6	45	3	0,5	5	3,5	67	13
14	—	11,8	0,2	0,10	1,4	10	51	4	0,8	6	3,6	40	12
15	—	13,1	0,2	0,11	1,6	14	57	4	0,9	6	3,8	29	12
16	—	14,2	0,2	0,11	1,8	18	64	4	1,1	7	4,0	22	11
17	—	15,3	0,2	0,12	2,0	22	71	4	1,3	7	4,2	18	10
18	—	16,4	0,3	0,13	2,3	26	78	4	1,4	7	4,3	19	9
19	—	17,5	0,3	0,14	2,6	31	85	5	1,6	7	4,5	17	8,2
20	—	18,6	0,3	0,14	2,9	36	92	5	1,8	7	4,6	14	8,7
21	—	19,6	0,3	0,15	3,2	41	100	5	1,9	8	4,7	12	8,0
22	—	20,6	0,3	0,16	3,5	46	108	5	2,1	8	4,9	12	7,4
23	—	21,6	0,4	0,17	3,9	52	116	6	2,3	8	5,1	11	6,9
24	—	22,6	0,4	0,18	4,3	58	124	6	2,4	8	5,2	10	6,5
25	6840	23,5	0,4	0,19	4,7	64	132	6	2,6	8	5,3	9	6,8
26	6640	24,4	0,4	0,20	5,1	70	141	6	2,7	9	5,4	8,6	6,4
27	6440	25,3	0,4	0,21	5,5	76	150	6	2,8	9	5,6	7,9	6,0
28	6240	26,2	0,4	0,21	5,9	82	159	6	2,9	9	5,7	7,3	6,3
29	6040	27,0	0,4	0,22	6,3	88	169	6	3,1	10	5,8	8,0	6,5
30	5840	27,8	0,4	0,22	6,7	95	180	7	3,2	11	6,0	7,4	6,1

Normal-Ertragstafeln für die Fichte.

II. Bonität.

Alter.		Der Hauptbestand ergab pro Hektar (excl. Zwischennutzungen und Stockholz.)										Zuwachsprocent.	
	Stamm-zahl	Kreis-flächen-summe 1,3 m vom Boden	lau-fender	durch-schnitt-licher	mittlere Höhe	Derb-holz	Derb- und Reis-holz	des Derbholzes lau-fender	durch-schnitt-licher	des Derb- und Reisholzes lau-fender	durch-schnitt-licher	des Derb-holzes	des Derb-u. Reis-holzes
			Höhenzuwachs					Zuwachs		Zuwachs			
Jahre		Q.-Mtr.	Meter		Meter	Festmeter							
31	5648	28,6	0,4	0,23	7,1	102	191	7	3,3	11	6,2	7,8	5,8
32	5456	29,4	0,4	0,24	7,5	110	202	8	3,5	11	6,3	7,8	5,5
33	5264	30,2	0,4	0,24	7,9	119	213	9	3,6	11	6,4	8,2	5,1
34	5072	31,0	0,4	0,25	8,3	128	224	9	3,8	11	6,6	7,6	4,9
35	4880	31,8	0,4	0,25	8,7	137	235	9	3,9	11	6,7	7,0	5,1
36	4704	32,6	0,4	0,25	9,1	146	247	9	4,1	12	6,9	6,7	4,9
37	4528	33,4	0,4	0,26	9,5	155	259	9	4,2	12	7,0	6,2	5,2
38	4352	34,2	0,4	0,26	9,9	165	272	10	4,3	13	7,2	6,5	4,8
39	4176	34,9	0,4	0,26	10,3	175	285	10	4,5	13	7,3	6,1	4,2
40	4000	35,6	0,4	0,27	10,7	185	297	10	4,6	12	7,4	5,7	4,0
41	3861	36,3	0,4	0,27	11,1	196	309	11	4,8	12	7,5	5,9	3,6
42	3722	36,9	0,3	0,27	11,4	207	320	11	4,9	11	7,6	5,6	3,4
43	3584	37,5	0,3	0,27	11,7	218	331	11	5,1	11	7,7	5,3	3,3
44	3446	38,1	0,3	0,27	12,0	228	342	10	5,2	11	7,8	4,6	3,2
45	3308	38,7	0,3	0,27	12,3	238	353	10	5,3	11	7,9	4,4	3,1
46	3200	39,3	0,3	0,27	12,6	248	364	10	5,4	11	7,9	4,2	3,0
47	3092	39,9	0,3	0,27	12,9	258	375	10	5,5	11	8,0	4,0	2,9
48	2984	40,5	0,3	0,27	13,2	268	386	10	5,6	11	8,1	3,9	2,6
49	2876	41,0	0,3	0,27	13,5	278	396	10	5,7	10	8,1	3,7	2,5
50	2768	41,4	0,3	0,27	13,8	288	406	10	5,8	10	8,1	3,6	2,5
51	2694	41,8	0,3	0,27	14,1	298	416	10	5,8	10	8,1	3,5	2,4
52	2620	42,1	0,3	0,28	14,4	308	426	10	5,9	10	8,2	3,4	2,1
53	2546	42,4	0,3	0,28	14,7	318	435	10	6,0	9	8,2	3,3	2,1
54	2473	42,7	0,3	0,28	15,0	328	444	10	6,1	9	8,2	3,2	2,0
55	2400	43,0	0,3	0,28	15,3	338	453	10	6,2	9	8,2	3,1	2,0
56	2336	43,3	0,3	0,28	15,6	348	462	10	6,2	9	8,3	3,0	1,9
57	2272	43,6	0,3	0,28	15,9	358	471	10	6,3	9	8,3	2,9	1,7
58	2208	43,9	0,3	0,28	16,2	368	479	10	6,3	8	8,3	2,8	1,7
59	2144	44,2	0,3	0,28	16,5	378	487	10	6,4	8	8,3	2,7	1,6
60	2080	44,5	0,3	0,28	16,8	388	495	10	6,5	8	8,3	2,3	1,6

Normal-Ertragstafeln für die Fichte.
II. Bonität.

Alter	Stamm-zahl	Kreis-flächen-summe 1,3 m vom Boden	laufender Höhenzuwachs	durch-schnitt-licher Höhenzuwachs	mittlere Höhe	Derb-holz	Derb- und Reis-holz	des Derbholzes laufender Zuwachs	des Derbholzes durch-schnitt-licher Zuwachs	des Derb- und Reisholzes laufender Zuwachs	des Derb- und Reisholzes durch-schnitt-licher Zuwachs	Zuwachs-procent des Derb-holzes	Zuwachs-procent des Derb- u. Reis-holzes
Jahre		Q.-Mtr.	Meter		Meter			Festmeter					
61	2024	44,8	0,3	0,28	17,1	397	503	9	6,5	8	8,3	2,3	1,6
62	1968	45,1	0,3	0,28	17,4	406	511	9	6,6	8	8,3	2,2	1,6
63	1912	45,4	0,3	0,28	17,7	415	519	9	6,6	8	8,2	2,2	1,6
64	1856	45,6	0,3	0,28	18,0	424	527	9	6,6	8	8,2	2,1	1,5
65	1800	45,8	0,3	0,28	18,3	433	535	9	6,7	8	8,2	2,1	1,5
66	1756	46,0	0,3	0,28	18,6	442	543	9	6,7	8	8,2	2,0	1,5
67	1712	46,2	0,3	0,28	18,9	451	551	9	6,7	8	8,2	2,0	1,4
68	1668	46,3	0,3	0,28	19,2	460	559	9	6,8	8	8,2	2,0	1,4
69	1624	46,5	0,3	0,28	19,5	469	567	9	6,8	8	8,2	1,9	1,4
70	1580	46,7	0,3	0,28	19,8	478	575	9	6,8	8	8,2	1,8	1,4
71	1537	46,9	0,3	0,28	20,1	486	583	8	6,9	8	8,2	1,7	1,4
72	1494	47,1	0,3	0,28	20,4	494	591	8	6,9	8	8,2	1,6	1,4
73	1452	47,3	0,2	0,28	20,6	502	599	8	6,9	8	8,2	1,6	1,3
74	1410	47,5	0,2	0,28	20,8	510	607	8	6,9	8	8,2	1,6	1,3
75	1368	47,7	0,2	0,28	21,0	518	615	8	6,9	8	8,2	1,5	1,3
76	1334	47,9	0,2	0,28	21,2	526	623	8	6,9	8	8,2	1,5	1,1
77	1300	48,1	0,2	0,28	21,4	534	630	8	6,9	7	8,2	1,5	1,1
78	1266	48,3	0,2	0,28	21,6	542	637	8	7,0	7	8,2	1,4	1,1
79	1233	48,5	0,2	0,28	21,8	550	644	8	7,0	7	8,2	1,3	1,0
80	1200	48,7	0,2	0,27	22,0	557	651	7	7,0	7	8,1	1,3	0,9
81	1166	48,9	0,2	0,27	22,2	564	657	7	7,0	6	8,1	1,2	0,9
82	1132	49,1	0,2	0,27	22,4	571	663	7	7,0	6	8,1	1,2	0,9
83	1098	49,3	0,2	0,27	22,6	578	669	7	7,0	6	8,1	1,2	0,9
84	1064	49,5	0,2	0,27	22,8	585	675	7	7,0	6	8,0	1,2	0,9
85	1030	49,7	0,2	0,27	23,0	592	681	7	7,0	6	8,0	1,2	0,9
86	1000	49,9	0,2	0,27	23,2	599	687	7	7,0	6	8,0	1,2	0,9
87	970	50,1	0,2	0,27	23,4	606	693	7	7,0	6	8,0	1,2	0,9
88	940	50,3	0,2	0,27	23,6	613	699	7	7,0	6	7,9	1,1	0,9
89	910	50,5	0,2	0,27	23,8	620	705	7	7,0	6	7,9	1,0	0,8
90	880	50,7	0,2	0,27	24,0	626	711	6	7,0	6	7,9	1,0	0,8

Normal-Ertragstafeln für die Fichte.
II. Bonität.

Alter.	Stammzahl	Kreisflächensumme 1,3 m vom Boden	laufender	durchschnittlicher	mittlere Höhe	Derbholz	Derb- und Reisholz	des Derbholzes laufender	des Derbholzes durchschnittlicher	des Derb- und Reisholzes laufender	des Derb- und Reisholzes durchschnittlicher	des Derbholzes	des Derbu. Reisholzes
Jahre		Q.-Mtr.	Meter		Meter			Festmeter					
91	862	.50,9	0,2	0,27	24,2	632	717	6.	7,0	6	7,9	1,0	0,8
92	844	51,1	0,2	0,27	24,4	638	723	6	6,9	6	7,9	0,9	0,8
93	826	51,3	0,2	0,26	24,6	644	729	6	6,9	6	7,8	0,9	0,8
94	809	51,5	0,2	0,26	24,8	650	735	6	6,9	6	7,8	0,9	0,8
95	792	51,7	0,2	0,26	25,0	656	741	6	6,9	6	7,8	0,9	0,8
96	782	51,9	0,2	0,26	25,2	662	747	6	6,9	6	7,8	0,9	0,8
97	772	52,1	0,2	0,26	25,4	668	753	6	6,9	6	7,8	0,9	0,7
98	762	52,3	0,2	0,26	25,6	674	758	6	6,9	5	7,7	0,9	0,7
99	753	52,5	0,2	0,26	25,8	680	763	6	6,9	5	7,7	0,8	0,7
100	744	52,7	0,1	0,26	25,9	686	768	6	6,9	5	7,7	0,7	0,7
101	740	52.9	0,1	0,26	26,0	691	773	5	6,9	5	7,7	0,7	0,6
102	737	53,1	0,1	0,26	26,1	696	778	5	6,8	5	7,6	0,7	0,6
103	734	53,3	0,1	0,25	26,2	701	783	5	6,8	5	7,6	0,7	0,6
104	731	53,5	0,1	0,25	26,3	706	788	5	6,8	5	7,6	0,7	0,6
105	728	53,7	0,1	0,25	26,4	711	793	5	6,8	5	7,6	0,7	0,6
106	727	53,9	0,1	0,25	26,5	716	798	5	6,8	5	7,5	0,7	0,6
107	726	54,1	0,1	0,25	26,6	721	803	5	6,7	5	7,5	0,7	0,6
108	725	54,3	0,1	0,25	26,7	726	808	5	6,7	5	7,5	0,7	0,6
109	724	54,5	0,1	0,25	26,8	731	813	5	6,7	5	7,5	0,7	0,5
110	724	54,7	0,1	0,24	26,9	736	817	5	6,7	4	7,4	0,7	0,5
111	723	54,9	0,1	0,24	27,0	741	821	5	6,7	4	7,4	0,7	0,5
112	723	55,1	0,1	0,24	27,1	746	825	5	6,7	4	7,4	0,6	0,5
113	722	55,3	0,1	0,24	27,2	751	829	5	6,6	4	7,3	0,5	0,4
114	721	55,4	0,1	0,24	27,3	756	832	4	6,6	3	7,3	0,5	0,4
115	720	55,5	0,1	0,24	27,4	760	835	4	6,6	3	7,3	0,5	0,4
116	720	55,6	0,1	0,24	27,5	764	838	4	6,6	3	7,2	0,5	0,4
117	720	55,7	0,1	0,24	27,7	768	841	4	6,6	3	7,2	0,5	0,4
118	720	55,8	0,1	0,24	27,8	772	844	4	6,5	3	7,2	0,5	0,4
119	720	55,9	0,1	0,23	27,9	776	847	4	6,5	3	7,1	0,5	0,4
120	720	56,0	0,1	0,23	28,0	780	850	4	6,5	3	7,1	0,5	0,4

Der Hauptbestand ergab pro Hektar (excl. Zwischennutzungen und Stockholz) — **Zuwachsprocent**

Normal-Ertragstafeln für die Fichte.
III. Bonität.

Alter	Stamm-zahl	Kreis-flächen-summe 1,3m vom Boden	laufender Höhenzuwachs	durch-schnitt-licher Höhenzuwachs	mittlere Höhe	Derb-holz	Derb- und Reis-holz	des Derbholzes laufender Zuwachs	des Derbholzes durch-schnitt-licher Zuwachs	des Derb- und Reisholzes laufender Zuwachs	des Derb- und Reisholzes durch-schnitt-licher Zuwachs	Zuwachsprocent des Derb-holzes	Zuwachsprocent des Derb- u. Reis-holzes
Jahre		Q.-Mtr.	Meter	Meter	Meter	Festmeter							
1		0,2	—	—	0	—	—	—	—	—	—	—	—
2		0,3	—	—	0	—	—	—	—	—	—	—	—
3		0,6	—	—	0	—	1	—	—	1	0,3	—	100
4		1,1	—	—	0	—	2	—	—	1	0,5	—	100
5		1,6	—	—	0,0	—	4	—	—	2	0,8	—	50
6		2,1	0,1	0,01	0,1	—	6	—	—	2	1,0	—	33
7		2,6	0,1	0,03	0,2	—	8	—	—	2	1,1	—	38
8		3,1	0,1	0,04	0,3	—	11	—	—	3	1,4	—	27
9		3,7	0,1	0,04	0,4	—	14	—	—	3	1,6	—	21
10		4,4	0,1	0,05	0,5	—	17	—	—	3	1,7	—	18
11		5,2	0,1	0,05	0,6	—	20	—	—	3	1,8	—	15
12		6,0	0,1	0,06	0,7	—	23	—	—	3	1,9	—	13
13		6,8	0,1	0,06	0,8	—	26	—	—	3	2,0	—	16
14		7,6	0,1	0,06	0,9	—	30	—	—	4	2,1	—	13
15		8,4	0,1	0,07	1,0	—	34	—	—	4	2,3	—	12
16		9,4	0,2	0,07	1,2	—	38	—	—	4	2,4	—	13
17		10,5	0,2	0,08	1,4	1	43	—	—	5	2,5	200	12
18		11,6	0,2	0,09	1,6	3	48	2	0,2	5	2,7	67	10
19		12,7	0,2	0,10	1,8	5	53	2	0,3	5	2,8	60	11
20		13,8	0,2	0,10	2,0	8	59	3	0,4	6	3,0	38	10
21		14,9	0,2	0,11	2,2	11	65	3	0,5	6	3,1	27	9,2
22		16,0	0,2	0,11	2,4	14	71	3	0,6	6	3,2	21	8,4
23		17,0	0,3	0,12	2,7	17	77	3	0,8	6	3,4	24	9,1
24		18,0	0,3	0,13	3,0	21	84	4	0,9	7	3,5	19	8,3
25		19,0	0,3	0,13	3,3	25	91	4	1,0	7	3,6	16	7,7
26		20,0	0,3	0,14	3,6	29	98	4	1,1	7	3,8	14	8,2
27		21,0	0,3	0,15	3,9	33	106	4	1,2	8	3,9	12	7,5
28		22,0	0,3	0,15	4,2	37	114	4	1,3	8	4,1	10	7,0
29		23,0	0,3	0,16	4,5	41	122	4	1,4	8	4,2	9,7	6,6
30		24,0	0,3	0,16	4,8	45	130	4	1,5	8	4,3	11	6,1

Normal-Ertragstafeln für die Fichte.
III. Bonität.

Alter.	Stammzahl	Kreisflächensumme 1,3 m vom Boden	laufender Höhenzuwachs	durchschnittlicher Höhenzuwachs	mittlere Höhe	Derbholz	Derb- und Reisholz	des Derbholzes laufender Zuwachs	des Derbholzes durchschnittlicher Zuwachs	des Derb- und Reisholzes laufender Zuwachs	des Derb- und Reisholzes durchschnittlicher Zuwachs	Zuwachsprocent des Derbholzes	Zuwachsprocent des Derbu. Reisholzes
Jahre		Q.-Mtr.	Meter	Meter	Meter	Festmeter							
31		24,8	0,4	0,17	5,2	50	138	5	1,6	8	4,5	10	5,8
32		25,6	0,4	0,18	5,6	55	146	5	1,7	8	4,6	9,1	5,5
33		26,4	0,3	0,18	5,9	60	154	5	1,8	8	4,7	8,3	5,2
34		27,1	0,3	0,18	6,2	65	162	5	1,9	8	4,8	9,2	4,9
35		27,8	0,3	0,19	6,5	71	170	6	2,0	8	4,9	8,5	4,7
36		28,4	0,3	0,19	6,8	77	178	6	2,1	8	4,9	7,8	4,5
37		29,0	0,3	0,19	7,1	83	186	6	2,2	8	5,0	7,2	4,3
38		29,6	0,3	0,20	7,4	89	194	6	2,3	8	5,1	6,7	4,1
39		30,2	0,3	0,20	7,7	95	202	6	2,4	8	5,2	6,3	4,0
40		30,7	0,3	0,20	8,0	101	210	6	2,5	8	5,2	5,9	3,8
41		31,2	0,3	0,20	8,3	107	218	6	2,6	8	5,3	5,6	3,7
42		31,7	0,3	0,21	8,6	113	226	6	2,7	8	5,4	5,3	3,5
43		32,2	0,3	0,21	8,9	119	234	6	2,8	8	5,4	5,9	3,4
44		32,7	0,3	0,21	9,2	126	242	7	2,9	8	5,5	5,6	3,3
45		33,2	0,3	0,21	9,5	133	250	7	2,9	8	5,6	5,3	3,2
46		33,6	0,3	0,21	9,8	140	258	7	3,0	8	5,6	5,0	2,7
47		34,0	0,3	0,21	10,1	147	265	7	3,1	7	5,7	4,8	2,6
48		34,4	0,3	0,22	10,4	154	272	7	3,2	7	5,7	4,6	2,6
49		34,8	0,3	0,22	10,7	161	285	7	3,3	7	5,8	4,4	2,5
50		35,2	0,3	0,22	11,0	168	292	7	3,4	7	5,8	4,2	2,4
51		35,6	0,3	0,22	11,3	175	299	7	3,5	7	5,9	4,0	2,3
52		36,0	0,3	0,22	11,6	182	306	7	3,5	7	5,9	4,4	2,3
53		36,4	0,3	0,23	11,9	190	313	8	3,6	7	5,9	4,2	2,2
54		36,8	0,3	0,23	12,2	198	320	8	3,7	7	5,9	4,0	2,2
55		37,2	0,2	0,23	12,4	206	327	8	3,7	7	6,0	3,9	2,1
56		37,5	0,2	0,23	12,6	214	334	8	3,8	7	6,0	4,2	2,1
57		37,8	0,2	0,23	12,8	223	341	9	3,9	7	6,0	4,0	2,1
58		38,1	0,2	0,23	13,0	232	348	9	4,0	7	6,0	3,9	2,0
59		38,4	0,2	0,22	13,2	241	355	9	4,1	7	6,0	3,7	2,0
60		38,7	0,2	0,22	13,4	250	362	9	4,2	7	6,0	3,2	1,9

Normal-Ertragstafeln für die Fichte.
III. Bonität.

Alter.	Stamm-zahl	Kreis-flächen-summe 1,3 m vom Boden	lau-fender	durch-schnitt-licher	mittlere Höhe	Derb-holz	Derb- und Reis-holz	des Derbholzes lau-fender	durch-schnitt-licher	des Derb- und Reisholzes lau-fender	durch-schnitt-licher	des Derb-holzes	des Derb- u. Reis-holzes
Jahre		Q.-Mtr.	Meter		Meter			Festmeter					
61		39,0	0,2	0,22	13,6	258	369	8	4,2	7	**6,1**	3,1	1,9
62		39,3	0,2	0,22	13,8	266	376	8	4,3	7	**6,1**	3,0	1,9
63		39,6	0,2	0,22	14,0	274	383	8	4,4	7	**6,1**	2,9	1,8
64		39,9	0,2	0,22	14,2	282	390	8	4,4	7	**6,1**	2,8	1,5
65		40,2	0,2	0,22	14,4	290	396	8	4,5	6	**6,1**	2,8	1,5
66		40,5	0,2	0,22	14,6	298	402	8	4,5	6	**6,1**	2,7	1,5
67		40,8	0,2	0,22	14,8	306	408	8	4,6	6	**6,1**	2,6	1,5
68		41,1	0,2	0,22	15,0	314	414	8	4,6	6	**6,1**	2,6	1,4
69		41,4	0,2	0,22	15,2	322	420	8	4,7	6	**6,1**	2,5	1,4
70		41,7	0,2	0,22	15,4	330	426	8	4,7	6	**6,1**	2,1	1,4
71		42,0	0,2	0,22	15,6	337	432	7	4,8	6	**6,1**	2,1	1,4
72		42,3	0,2	0,22	15,8	344	438	7	4,8	6	**6,1**	2,0	1,4
73		42,6	0,2	0,22	16,0	351	444	7	4,8	6	**6,1**	2,0	1,3
74		42,9	0,2	0,22	16,2	358	450	7	4,8	6	**6,1**	2,0	1,3
75		43,2	0,2	0,22	16,4	365	456	7	4,9	6	**6,1**	1,9	1,3
76		43,5	0,2	0,22	16,6	372	462	7	4,9	6	**6,1**	1,9	1,3
77		43,8	0,2	0,22	16,8	379	468	7	4,9	6	**6,1**	1,9	1,3
78		44,1	0,2	0,22	17,0	386	474	7	5,0	6	**6,1**	1,8	1,3
79		44,4	0,2	0,22	17,2	393	480	7	5,0	6	**6,1**	1,8	1,3
80		44,7	0,2	0,22	17,4	400	486	7	5,0	6	**6,1**	1,5	1,2
81		45,0	0,2	0,22	17,6	406	492	6	5,0	6	**6,1**	1,5	1,2
82		45,2	0,2	0,22	17,8	412	498	6	5,1	6	**6,1**	1,5	1,2
83		45,4	0,1	0,22	18,0	418	504	6	5,1	6	**6,1**	1,4	1,2
84		45,6	0,1	0,22	18,2	424	510	6	5,1	6	**6,1**	1,4	1,1
85		45,8	0,1	0,22	18,3	430	516	6	5,1	6	**6,1**	1,4	1,0
86		46,0	0,1	0,21	18,4	436	521	6	5,1	5	**6,1**	1,4	1,0
87		46,2	0,1	0,21	18,5	442	526	6	5,1	5	6,0	1,4	1,0
88		46,4	0,1	0,21	18,6	448	531	6	5,1	5	6,0	1,3	1,0
89		46,6	0,1	0,21	18,7	454	536	6	5,1	5	6,0	1,3	0,9
90		46,8	0,1	0,21	18,8	460	541	6	5,1	5	6,0	1,3	0,9

Normal-Ertragstafeln für die Fichte.
III. Bonität.

| Alter. | Der Hauptbestand ergab pro Hektar (excl. Zwischennutzungen und Stockholz) | | | | | | | | | | | Zuwachsprocent | |
| | Stammzahl | Kreisflächensumme 1,3 m vom Boden | laufender Höhenzuwachs | durchschnittlicher Höhenzuwachs | mittlere Höhe | Derbholz | Derb- und Reisholz | des Derbholzes laufender Zuwachs | des Derbholzes durchschnittlicher Zuwachs | des Derb- und Reisholzes laufender Zuwachs | des Derb- und Reisholzes durchschnittlicher Zuwachs | des Derbholzes | des Derb- u. Reisholzes |
Jahre		Q.-Mtr.	Meter		Meter	Festmeter							
91		47,0	0,1	0,21	18,9	466	546	6	5,1	5	6,0	1,3	0,9
92		47,2	0,1	0,21	19,0	472	551	6	5,1	5	6,0	1,3	0,9
93		47,4	0,1	0,21	19,1	478	556	6	5,1	5	6,0	1,3	0,9
94		47,6	0,1	0,21	19,2	484	561	6	5,2	5	6,0	1,2	0,7
95		47,8	0,1	0,20	19,3	490	565	6	5,2	4	5,9	1,0	0,7
96		48,0	0,1	0,20	19,4	495	569	5	5,2	4	5,9	1,0	0,7
97		48,2	0,1	0,20	19,5	500	573	5	5,2	4	5,9	1,0	0,7
98		48,4	0,1	0,20	19,6	505	577	5	5,2	4	5,9	1,0	0,7
99		48,6	0,1	0,20	19,7	510	581	5	5,2	4	5,9	1,0	0,7
100		48,8	0,1	0,20	19,8	515	585	5	5,2	4	5,9	1,0	0,7
101		49,0	0,1	0,20	19,9	520	589	5	5,2	4	5,8	1,0	0,7
102		49,2	0,1	0,20	20,0	525	593	5	5,2	4	5,8	1,0	0,7
103		49,4	0,1	0,20	20,1	530	597	5	5,2	4	5,8	0,9	0,7
104		49,6	0,1	0,20	20,2	535	601	5	5,2	4	5,8	0,9	0,7
105		49,8	0,1	0,19	20,3	540	605	5	5,1	4	5,8	0,7	0,7
106		49,9	0,0	0,19	20,3	544	609	4	5,1	4	5,8	0,7	0,7
107		50,0	0,1	0,19	20,4	548	613	4	5,1	4	5,7	0,7	0,7
108		50,2	0,0	0,19	20,4	552	617	4	5,1	4	5,7	0,7	0,6
109		50,4	0,1	0,19	20,5	556	621	4	5,1	4	5,7	0,7	0,6
110		50,5	0,0	0,19	20,5	560	625	4	5,1	4	5,7	0,7	0,5
111		50,7	0,1	0,19	20,6	564	628	4	5,1	3	5,7	0,7	0,5
112		50,9	0,0	0,18	20,6	568	631	4	5,1	3	5,6	0,5	0,5
113		51,1	0,1	0,18	20,7	571	634	3	5,0	3	5,6	0,5	0,5
114		51,3	0,0	0,18	20,7	574	637	3	5,0	3	5,6	0,5	0,5
115		51,5	0,0	0,18	20,8	577	640	3	5,0	3	5,6	0,5	0,5
116		51,6	0,0	0,18	20,8	580	643	3	5,0	3	5,6	0,5	0,5
117		51,7	0,1	0,18	20,9	583	646	3	5,0	3	5,5	0,5	0,5
118		51,8	0,0	0,18	20,9	586	649	3	5,0	3	5,5	0,5	0,5
119		51,9	0,1	0,18	21,0	589	652	3	5,0	3	5,5	0,5	0,5
120		52,0	0,0	0,18	21,0	592	655	3	4,9	3	5,5	0,5	0,5

Normal-Ertragstafeln für die Fichte.
IV. Bonität.

Alter.		Der Hauptbestand ergab pro Hektar (excl. Zwischennutzungen und Stockholz)										Zuwachsprocent	
	Stammzahl	Kreisflächensumme 1,3 m vom Boden	laufender Höhenzuwachs	durchschnittlicher Höhenzuwachs	mittlere Höhe	Derbholz	Derb- und Reisholz	des Derbholzes laufender Zuwachs	des Derbholzes durchschnittlicher Zuwachs	des Derb- und Reisholzes laufender Zuwachs	des Derb- und Reisholzes durchschnittlicher Zuwachs	des Derbholzes.	des Derb- u. Reisholzes.
Jahre		Q.-Mtr.	Meter	Meter	Meter	Festmeter	Festmeter	Festmeter	Festmeter	Festmeter	Festmeter		
1		0,1	—	—	—	—	—	—	—	—	—	—	—
2		0,2	—	—	—	—	—	—	—	—	—	—	—
3		0,4	—	—	—	—	—	—	—	—	—	—	—
4		0,6	—	—	—	—	1	—	—	—	0,2	—	100
5		0,9	—	—	—	—	2	—	—	1	0,4	—	50
6		1,2	0,1	0,01	0,1	—	3	—	—	1	0,5	—	67
7		1,5	0,1	0,03	0,2	—	5	—	—	2	0,7	—	50
8		1,9	0,1	0,04	0,3	—	7	—	—	2	0,9	—	29
9		2,3	0,1	0,04	0,3	—	9	—	—	2	1,0	—	22
10		2,7	0,1	0,04	0,4	—	11	—	—	2	1,1	—	18
11		3,1	0,1	0,05	0,5	—	13	—	—	2	1,2	—	15
12		3,6	0,1	0,05	0,6	—	15	—	—	2	1,3	—	12
13		4,2	0,1	0,05	0,7	—	17	—	—	2	1,3	—	18
14		4,9	0,1	0,06	0,8	—	20	—	—	3	1,4	—	15
15		5,6	0,1	0,07	0,9	—	23	—	—	3	1,5	—	13
16		6,4	0,1	0,07	1,0	—	26	—	—	3	1,6	—	12
17		7,2	0,1	0,07	1,1	—	29	—	—	3	1,7	—	10
18		8,0	0,1	0,07	1,2	1	33	—	0,1	3	1,8	—	12
19		8,8	0,1	0,07	1,3	2	37	1	0,1	4	1,9	100	11
20		9,6	0,1	0,07	1,4	3	41	1	0,2	4	2,0	50	9,8
21		10,4	0,2	0,08	1,6	5	45	2	0,2	4	2,1	67	8,8
22		11,2	0,2	0,08	1,8	7	49	2	0,3	4	2,2	40	8,1
23		12,0	0,2	0,09	2,0	9	53	2	0,4	4	2,3	29	7,5
24		12,8	0,2	0,09	2,2	11	57	2	0,5	4	2,4	22	7,1
25		13,6	0,2	0,10	2,4	13	61	2	0,5	4	2,4	18	6,6
26		14,4	0,2	0,10	2,6	15	65	2	0,6	4	2,5	16	7,7
27		15,2	0,2	0,10	2,8	17	70	2	0,6	5	2,6	13	7,1
28		16,0	0,2	0,11	3,0	20	75	3	0,7	5	2,7	18	6,7
29		16,8	0,3	0,11	3,3	23	80	3	0,8	5	2,8	15	6,3
30		17,6	0,3	0,12	3,6	26	85	3	0,9	5	2,8	13	7,1

Normal-Ertragstafeln für die Fichte.
IV. Bonität.

Alter.	Stamm-zahl	Kreis-flächen-summe 1,3 m vom Boden	lau-fender Höhenzuwachs	durch-schnitt-licher Höhenzuwachs	Mittlere Höhe	Derb-holz	Derb- und Reis-holz	des Derbholzes lau-fender Zuwachs	des Derbholzes durch-schnitt-licher Zuwachs	des Derb- und Reisholzes lau-fender Zuwachs	des Derb- und Reisholzes durch-schnitt-licher Zuwachs	Zuwachs-procent des Derb-holzes	Zuwachs-procent des Derb- u. Reis-holzes
Jahre		Q.-Mtr.	Meter		Meter	Festmeter							
31		18,4	0,3	0,13	3,9	29	91	3	0,9	6	2,9	12	6,6
32		19,2	0,3	0,13	4,2	32	97	3	1,0	6	3,0	10	6,2
33		20,0	0,3	0,14	4,5	35	103	3	1,1	6	3,1	9,4	5,8
34		20,8	0,3	0,14	4,8	38	109	3	1,1	6	3,2	8,6	5,5
35		21,6	0,3	0,15	5,1	41	115	3	1,2	6	3,3	8,0	5,2
36		22,3	0,2	0,15	5,3	44	121	3	1,2	6	3,4	7,3	5,0
37		23,0	0,2	0,15	5,5	47	127	3	1,3	6	3,4	7,0	4,7
38		23,7	0,2	0,15	5,7	50	133	3	1,3	6	3,5	6,0	4,5
39		24,4	0,2	0,15	5,9	53	139	3	1,4	6	3,6	5,7	4,3
40		25,0	0,2	0,15	6,1	56	145	3	1,4	6	3,6	5,4	4,1
41		25,6	0,2	0,15	6,3	59	151	3	1,5	6	3,7	5,1	4,0
42		26,1	0,2	0,16	6,5	62	157	3	1,5	6	3,8	6,5	3,8
43		26,6	0,2	0,16	6,7	66	163	4	1,5	6	3,8	6,1	3,7
44		27,1	0,2	0,16	6,9	70	169	4	1,6	6	3,9	5,6	3,5
45		27,6	0,2	0,16	7,1	74	175	4	1,6	6	3,9	5,4	3,4
46		28,0	0,2	0,16	7,3	78	181	4	1,7	6	4,0	5,1	3,3
47		28,4	0,2	0,16	7,5	82	187	4	1,7	6	4,0	4,9	3,2
48		28,8	0,2	0,16	7,7	86	193	4	1,8	6	4,0	4,7	3,1
49		29,2	0,2	0,16	7,9	90	199	4	1,8	6	4,1	4,4	3,0
50		29,6	0,2	0,16	8,1	94	205	4	1,9	6	4,1	5,3	2,4
51		30,0	0,2	0,16	8,3	99	210	5	1,9	5	4,1	5,1	2,4
52		30,4	0,2	0,16	8,5	104	215	5	2,0	5	4,1	4,8	2,3
53		30,8	0,2	0,16	8,7	109	220	5	2,1	5	4,2	4,6	2,3
54		31,2	0,2	0,16	8,9	114	225	5	2,1	5	4,2	5,3	2,2
55		31,6	0,2	0,17	9,1	120	230	6	2,2	5	4,2	5,0	2,2
56		31,9	0,2	0,17	9,3	126	235	6	2,3	5	4,2	4,8	2,1
57		32,2	0,2	0,17	9,5	132	240	6	2,3	5	4,2	4,5	2,1
58		32,5	0,2	0,17	9,7	138	245	6	2,4	5	4,2	4,5	2,0
59		32,8	0,2	0,17	9,9	144	250	6	2,4	5	4,2	4,2	2,0
60		33,1	0,2	0,17	10,1	150	255	6	2,5	5	4,2	4,0	1,6

Normal-Ertragstafeln für die Fichte.
IV. Bonität.

Alter	Stamm-zahl	Kreis-flächen-summe 1,3 m vom Boden	laufender	durch-schnitt-licher	mittlere Höhe	Derb-holz	Derb- und Reis-holz	laufender	durch-schnitt-licher	laufender	durch-schnitt-licher	des Derb-holzes	des Derb- u. Reis-holzes
			Höhenzuwachs					Zuwachs.		Zuwachs			
Jahre		Q.-Mtr.	Meter		Meter		Festmeter						
61		33,4	0,2	0,17	10,3	155	259	5	2,5	4	**4,3**	3,2	1,6
62		33,7	0,2	0,17	10,5	160	263	5	2,6	4	**4,3**	3,1	1,5
63		34,0	0,2	0,17	10,7	165	267	5	2,6	4	**4,3**	3,0	1,5
64		34,3	0,2	0,17	10,9	170	271	5	2,7	4	4,2	2,9	1,5
65		34,6	0,2	0,17	11,1	175	275	5	2,7	4	4,2	2,9	1,5
66		34,9	0,2	0,17	11,3	180	279	5	2,7	4	4,2	2,8	1,4
67		35,2	0,2	0,17	11,5	185	283	5	2,8	4	4,2	2,7	1,4
68		35,5	0,2	0,17	11,7	190	287	5	2,8	4	4,2	2,6	1,4
69		35,8	0,2	0,17	11,9	195	291	5	2,8	4	4,2	2,6	1,4
70		36,1	0,2	0,17	12,1	200	295	5	2,9	4	4,2	2,5	1,4
71		36,4	0,1	0,17	12,2	205	299	5	2,9	4	4,2	2,4	1,3
72		36,7	0,1	0,17	12,3	210	303	5	2,9	4	4,2	2,4	1,3
73		37,0	0,1	0,17	12,4	215	307	5	2,9	4	4,2	2,3	1,3
74		37,2	0,1	0,17	12,5	220	311	5	3,0	4	4,2	2,3	1,3
75		37,4	0,1	0,17	12,6	225	315	5	3,0	4	4,2	2,2	1,3
76		37,6	0,1	0,17	12,7	230	319	5	3,1	4	4,2	2,2	1,3
77		37,8	0,1	0,17	12,8	235	323	5	3,1	4	4,2	2,1	1,2
78		38,0	0,1	0,17	12,9	240	327	5	3,1	4	4,2	2,1	1,2
79		38,2	0,1	0,17	13,0	245	331	5	3,1	4	4,2	2,0	1,2
80		38,4	0,1	0,16	13,1	250	335	5	3,1	4	4,2	2,0	1,2
81		38,7	0,1	0,16	13,2	255	339	5	3,2	4	4,2	2,0	1,2
82		39,0	0,1	0,16	13,3	260	343	5	3,2	4	4,2	1,9	1,2
83		39,2	0,1	0,16	13,4	265	347	5	3,2	4	4,2	1,9	1,1
84		39,4	0,1	0,16	13,5	270	351	5	3,2	4	4,2	1,5	1,1
85		39,6	0,0	0,16	13,5	274	355	4	3,2	4	4,2	1,5	0,9
86		39,8	0,1	0,16	13,6	278	358	4	3,2	3	4,2	1,4	0,8
87		40,0	0,0	0,16	13,6	282	361	4	3,2	3	4,2	1,4	0,8
88		40,2	0,1	0,16	13,7	286	364	4	3,3	3	4,1	1,4	0,8
89		40,4	0,0	0,15	13,7	290	367	4	3,3	3	4,1	1,4	0,8
90		40,6	0,1	0,15	13,8	294	370	4	3,3	3	4,1	1,4	0,8

Normal-Ertragstafeln für die Fichte.
IV. Bonität.

Alter.	Stammzahl	Kreisflächensumme 1,3 m vom Boden	laufender Höhenzuwachs	durchschnittlicher Höhenzuwachs	mittlere Höhe	Derbholz	Derb- und Reisholz	des Derbholzes laufender Zuwachs	des Derbholzes durchschnittlicher Zuwachs	des Derb- und Reisholzes laufender Zuwachs	des Derb- und Reisholzes durchschnittlicher Zuwachs	Zuwachsprocent des Derbholzes	Zuwachsprocent des Derb- u. Reisholzes
Jahre		Q.-Mtr.	Meter		Meter	Festmeter							
91		40,8	0,1	0,15	13,9	298	373	4	3,3	3	4,1	1,3	0,8
92		41,0	0,1	0,15	14,0	302	376	4	3,3	3	4,1	1,3	0,8
93		41,2	0,1	0,15	14,1	306	379	4	3,3	3	4,1	1,3	0,8
94		41,4	0,0	0,15	14,1	310	382	4	3,3	3	4,1	1,3	0,8
95		41,6	0,1	0,15	14,2	314	385	4	3,3	3	4,1	1,3	0,8
96		41,8	0,0	0,15	14,2	318	388	4	3,3	3	4,1	1,3	0,8
97		42,0	0,1	0,15	14,3	322	391	4	3,3	3	4,1	1,3	0,8
98		42,2	0,1	0,15	14,4	326	394	4	3,3	3	4,1	1,3	0,8
99		42,4	0,1	0,15	14,5	330	397	4	3,3	3	4,1	1,2	0,8
100		42,6	0,1	0,15	14,6	334	400	4	3,3	3	4,0	1,2	0,7
101		42,8	0,1	0,15	14,7	338	403	4	3,3	3	4,0	1,2	0,7
102		43,0	0,1	0,15	14,8	342	406	4	3,3	3	4,0	1,2	0,7
103		43,2	0,1	0,14	14,9	346	409	4	3,4	3	4,0	1,2	0,7
104		43,4	0,1	0,14	15,0	350	412	4	3,4	3	4,0	1,1	0,5
105		43,6	0,1	0,14	15,1	354	415	4	3,4	2	4,0	0,9	0,5
106		43,8	0,1	0,14	15,2	357	417	3	3,4	2	3,9	0,8	0,5
107		44,0	0,1	0,14	15,3	360	419	3	3,4	2	3,9	0,8	0,5
108		44,2	0,1	0,14	15,4	363	421	3	3,4	2	3,9	0,8	0,5
109		44,4	0,1	0,14	15,4	366	423	3	3,4	2	3,9	0,8	0,5
110		44,6	0,1	0,14	15,5	369	425	3	3,4	2	3,9	0,8	0,5
111		44,8	0,0	0,14	15,5	372	427	3	3,4	2	3,9	0,8	0,5
112		45,0	0,1	0,14	15,6	375	429	3	3,4	2	3,8	0,8	0,5
113		45,2	0,0	0,14	15,6	378	431	3	3,4	2	3,8	0,8	0,5
114		45,4	0,1	0,14	15,7	381	433	3	3,3	2	3,8	0,8	0,5
115		45,5	0,0	0,14	15,7	384	435	3	3,3	2	3,8	0,8	0,5
116		45,6	0,1	0,14	15,8	387	437	3	3,3	2	3,8	0,8	0,5
117		45,7	0,0	0,13	15,8	390	439	3	3,3	2	3,8	0,8	0,5
118		45,8	0,1	0,13	15,9	393	441	3	3,3	2	3,7	0,5	0,5
119		45,9	0,0	0,13	15,9	395	443	2	3,3	2	3,7	0,5	0,5
120		46,0	0,1	0,13	16,0	397	445	2	3,3	2	3,7	0,5	0,5

III. Gebrauch der Ertragstafeln.

Die vorstehenden Ertragstafeln enthalten unter Voraussetzung normaler Bestockung für den Hauptbestand pro Hektar und für die Bestandesalter 1 — 120;

a. Die Stammzahlen,

b. die Kreisflächensumme 1,3 m vom Boden in Quadratmetern,

c. die mittlere Bestandeshöhe in Metern,

d. die Derbholzmasse,

e. die Derb- und Reisholzmasse,

f. den laufenden Zuwachs des Derbholzes,

g. den durchschnittlichen Zuwachs des Derbholzes,

h. den laufenden Zuwachs des Derb- und Reisholzes,

i. den durchschnittlichen Zuwachs des Derb- und Reisholzes,

k. das Zuwachsprocent des Derbholzes und

l. das Zuwachsprocent des Derb- und Reisholzes;

sie können daher zu folgenden wirthschaftlichen Zwecken und wissenschaftlichen Untersuchungen dienen:

1. Sie geben Aufschluss, in welchem Verhältniss mit zunehmendem Bestandesalter die Stammzahl des Bestandes sich vermindert, Kreisflächensumme und Höhe desselben aber wachsen und in welcher Lebensperiode der grösste laufend jährliche und durchschnittliche Flächen- und Höhezuwachs eintritt.

2. Sie geben Aufschluss über die mit dem Bestandesalter zunehmende Massenmehrung an Derbholz sowohl, als an Derb- und Reisholz, sowie über den Eintritt des Zeitpunktes, in welchem der grösste laufend jährliche und durchschnittlich jährliche Zuwachs erfolgt.

3. Sie geben endlich Auskunft darüber, in welchem Verhältniss mit zunehmendem Bestandesalter die Zuwachsprocente der genannten Sortimente abnehmen.

4. Sie dienen zur Bonitirung konkreter Bestände, und ist hierbei in erster Linie die mittlere Bestandeshöhe entscheidend. Will man z. B. wissen, in welche Bonität ein unter mittleren Schlussverhältnissen erwachsener Bestand zu setzen

ist, so ermittelt man nur dessen Alter und mittelst eines Höhenmessers dessen mittlere Scheitelhöhe. Nun weiss man nach den Ertragstafeln, dass z. B. ein 60jähriger Fichtenbestand I. Bonität 21,9 Meter hoch ist, wäre dann der konkrete Bestand ebenfalls 60jährig und hätte er dieselbe Höhe, so gehörte er jedenfalls der I. Bonität an u. s. w. Ebenso wird irgend ein Bestand zwischen zwei Bonitäten hineinfallen, wenn seine Höhe, natürlich immer gleiche Alter vorausgesetzt, zwischen beide hineinfällt. Die vorstehenden Ertragstafeln werden insbesondere bei der Einschätzung der einzelnen Standortsklassen (Bonitäten) für Zwecke der Feststellung der Grundsteuer sehr wesentliche Dienste leisten und namentlich dann bessere Resultate als alle Bodenuntersuchungen u. s. w. liefern, wenn man die Höhe als Hauptfaktor der Standortsgüte betrachtet.

5. Sie dienen aber auch zur Einschätzung der Holzmassen konkreter Bestände, wenn man keine umständlicheren Bestandesschätzungsmethoden in Anwendung bringen kann oder will. Besitzt z. B. der abzuschätzende Bestand eine volle normale Bestockung, so wird er auch dieselbe Holzmasse wie der gleich alte und gleich hohe Bestand in der Ertragstafel haben. Ist dessen Bestockung jedoch keine vollkommene, sondern beträgt sie z. B. nur 0,8 der normalen, so muss natürlich auch die aus der Tafel herauszulesende Holzmasse durch Multiplikation mit dem Faktor 0,8 reducirt werden. Wichtige Anhalte zur Beurtheilung des Bestockungsgrades des abzuschätzenden Bestandes, im Gegensatz zu den Angaben in den Normal-Ertragstafeln, liefert dessen Stammzahl und Kreisflächensumme pro Hektar.

Beispiel: Ein 80jähriger unangehauener Bestand sei 25 Meter hoch und besitze 570 Stämme pro Hektar, wie gross ist seine Holzmasse? Da ein 80jähriger Bestand I. Bonität nach der Ertragstafel 27,9 Meter und bei II. Bonität 22 Meter hoch sein soll, so fällt der Bestand zwischen die I. und II. Bonität und seine Holzmasse muss desshalb unter Voraussetzung normaler Bestockung zunächst im Verhältniss der geringeren Scheitelhöhe reducirt werden. Ein 27,9 Meter hoher Bestand hat aber nach der Ertragstafel I. Bonität 768 Festmeter Holz, daher der

25 Meter hohe: $27,9 : 25 = 768 : (x = 688$ Festmeter. Wäre ferner der Bestand 27,9 Meter hoch (I. Bonität), so besässe er bei voller Bestockung 792 Stämme, wäre er 22 Meter (II. Bonität), so hätte er 1200 Stämme, bei 25 Meter wird er daher 1000 Stämme besitzen. Nun aber hat der Bestand nur 570 Stämme, seine Bestockung beträgt daher nur $570 : 1000 = 0,57$ der normalen, folglich wird auch die Holzmasse des abzuschätzenden Bestandes nur $688 \times 0,57 = 392$ Festmeter sein. Hätte man statt der Stammzahl auch die Kreisflächensumme pro Hektar ermittelt, so müsste natürlich die Holzmasse in ganz ähnlicher Weise im Verhältniss der geringeren Kreisflächensumme reducirt werden. In letzterem Falle würde man aber die Holzmasse gerade so rasch und etwas genauer aus dem Produkt der Kreisflächensumme des abzuschätzenden Bestandes mit der Scheitelhöhe und der Formzahl erhalten.

5. Die vorstehenden Ertragstafeln sind aber in noch höherem Masse bei Massenzuwachsermittlungen der Bestände zu gebrauchen. Will man z. B. wissen, um wie viel Festmeter ein normal bestockter 80jähriger Fichtenbestand, welcher nach seiner Höhe genau der I. Bonität angehört, in den nächsten 15 (n) Jahren zuwächst, so hat man nur aus der Ertragstafel I. Bonität die Holzmasse des 95jährigen Bestandes mit 872 Festmeter und die des 80jährigen Bestandes mit 768 Festmeter herauszuschreiben, und erhält in der Differenz beider Zahlen, nämlich in $872 - 768 = 104$ Festmeter den 15jährigen Haubarkeitszuwachs pro Hektar. Fiele der fragliche Bestand, was in der Regel der Fall sein wird, hinsichtlich seiner Standortsgüte zwischen zwei Bonitäten hinein und wäre auch seine Bestockung eine abnorme, so müssten dann natürlich dieselben Reduktionen wie im vorigen Beispiele ad 4 vorgenommen werden, um den konkreten Zuwachs zu erhalten.

6. Dass die abnorme Bestockung auch nur gutächtlich, d. h. ohne Ermittlung der Stammzahl oder Kreisflächensumme pro Hektar, in Bruchtheilen der normalen eingeschätzt werden kann, bedarf wohl keiner weiteren Auseinandersetzung, nur wird man bei diesem abgekürzten Verfahren ein weniger gutes Resultat erhalten.

7. Unsere Ertragstafeln dienen aber auch zur direkten Ermittlung des Normalvorraths aller möglichen Umtriebszeiten bis zu 120 Jahren hinauf. Will man z. B. den Normalvorrath bei 120 jährigem Umtrieb für 120 Hektar haben, so braucht man nur die 120 Massenglieder der betreffenden Bonität zu addiren. Bei Unterstellung eines 80 jährigen Umtriebs wären für 80 Hektare die ersten 80 Massenglieder zu addiren u. s. w.

8. Endlich dienen die Ertragstafeln noch zur Lösung aller möglichen Fragen der Waldwerthberechnung und der forstlichen Statik. Man braucht nur die in denselben stehenden Holzmassen in Sortimente zu zerlegen, letztere dann mit den zugehörigen reinen durchschnittlichen Holzpreisen zu multipliciren, so erhält man in den Summen der einzelnen Produkte den in Geld ausgedrückten Werth des Holzes pro Hektar für jedes Bestandesalter und auch für jede Bonität.

IV. Resultate.

Unterzieht man die neuere und neueste forsttaxatorische Literatur einer Prüfung, so muss man über die geringen Fortschritte staunen, welche wir hinsichtlich der Feststellung der Zuwachsgesetze der Bestände gemacht haben und wie dürftig bis zur Stunde noch die Ertragstafeln für die wichtigsten Holzarten sind. Man hat neuestens die finanziell vortheilhaftesten Umtriebszeiten bis auf das Jahr genau ausgerechnet, ohne sich nur die Mühe zu geben, zu untersuchen, ob die Grundlagen derartiger Berechnungen, die Ertragstafeln, richtig sind. Man unterhält sich in den neueren taxatorischen Werken mit besonderer Vorliebe über die grossen Schwierigkeiten der Aufstellung normaler Ertragstafeln, ohne selbst kräftig Hand anzulegen und an der Ueberwindung der Schwierigkeiten zu arbeiten. Statt Ertragstafeln aus frischem, ausreichendem Materiale neu aufzubauen, begnügt man sich damit, aus älterem, dürftigem Materiale oder aus längst und wiederholt veröffentlichten Ertragstafeln am grünen Tische immer wieder neue zusammenzusetzen. Es mussten sich so falsche Vorstellungen und Irr-

thümer nothwendig vererben. Wir wollen durch diesen Ausspruch nach keiner Seite hin einen Vorwurf machen, denn es
kann diese Art der literarischen Thätigkeit durch die Ungunst
der Verhältnisse entschuldigt werden. Es lässt sich nämlich das
vollständige Material zur Aufstellung von Ertragstafeln auch
nur einer Holzart nicht in einem Reviere finden, es muss in
einer ganzen Reihe von Revieren in mindestens hundert Beständen verschiedener Alter und Bonitäten zusammengesucht
werden. Die Aufnahme und Verarbeitung des Materials selbst
erfordert eine sich durch Jahre hinziehende ununterbrochene
Thätigkeit; ferner viele Mittel und Arbeitskräfte und endlich
die Erlaubniss der Waldbesitzer. Wir erblicken gerade hierin
die Hauptschwierigkeiten, mit welchen früher einzelne sehr fleissige
und strebsame Forscher zu kämpfen hatten. Nachdem nun die
Regierungen den verschiedenen forstlichen Versuchsanstalten
Mittel, Kräfte und Waldungen in zureichendem Masse zur Verfügung gestellt haben, darf man auch künftig auf den verschiedenen Gebieten der Forstwissenschaft raschere Fortschritte wie
früher erwarten. Bis zur Stunde aber bestehen hinsichtlich der
Zuwachsgesetze der Bestände sehr verschiedene Ansichten und
wir hoffen daher zur Klärung dieses wichtigen Gegenstandes
beizutragen, wenn wir die vorläufigen Resultate unserer
Untersuchungen über die Erträge und Zuwachsverhältnisse der
Fichte in folgenden Sätzen zusammenfassen:

1) Bei Fichtenbeständen verschiedener Bonität
fällt das Maximum des laufend jährlichen Höhewuchses zwischen 21—41, dagegen das Maximum
des durchschnittlich jährlichen Höhenwuchses zwischen 40—78 Jahre, und zwar tritt das Maximum
dieser beiden Höhenwuchsarten früher bei guten
als bei schlechten Bonitäten ein.

Wie sich in den verschiedenen Lebensaltern der Bestände
die Höhenverhältnisse gestalten, geht sowohl aus den Ertragstafeln als aus den Höhekurven, Tafel I, deutlich hervor. Von
dem frühen Eintritt des Maximums des laufenden Höhezuwachses
waren übrigens auch seither schon eine Anzahl Fachmänner

überzeugt, nur suchte man denselben mit dem Mannbarkeitsalter der Bestände in Beziehung zu bringen, ohne die einzelnen
Holzarten, welche bekanntlich verschieden raschwüchsig sind,
genügend auseinander zu halten. Nach K. Heyer [1]) erreichen
z. B. Sämlinge noch geraume Zeit vor dem Eintritte ihrer vollen
Mannbarkeit ihre grösste jährliche Längenausdehnung, während
sich Judeich [2]) über diesen Punkt wie folgt ausspricht: »Der
Höhenwuchs ist bei Kern- und Samenpflanzen in der ersten
Jugend gering, steigt aber rasch bis etwa zum halben Mannbarkeitsalter, bleibt dann eine Zeit lang gleich, sinkt gegen die
Mannbarkeit hin und darüber hinaus bis er endlich ganz auf-
hört. Der Gang ist natürlich nach Holzart und Standort ein
sehr verschiedener.« Wenn man nun bedenkt, dass das Mannbarkeitsalter der Holzarten ein sehr schwankendes ist, jedenfalls aber auf schlechten Standorten früher eintritt als auf
besseren, während es sich mit den Höhenwuchsverhältnissen
umgekehrt verhält, so fragt es sich sehr, ob man das Mannbarkeitsalter künftig noch in die Zuwachsgesetze hereinziehen
und dafür nicht kurzer Hand, wie wir soeben gethan, das Alter
bezeichnen soll, in welchem das Maximum etc. des Höhenwuchses bei den verschiedenen Holzarten und Bonitäten ein-
zutreten pflegt.

2) Bei Fichtenbeständen verschiedener Bonität
fällt das Maximum des laufend jährlichen Massezuwachses an Derb- und Reisholz zwischen das 27.
und 50. Jahr; dagegen das Maximum des durchschnittlich jährlichen Massezuwachses zwischen das 45. und
86. Jahr und zwar tritt das Maximum des Massezuwachses früher bei guten als schlechten Standorten ein. Das Maximum des durchschnittlichen
Massezuwachses erfolgt z. B. bei Fichten I. Bonität
schon mit 45—48, dagegen bei II. Bonität mit 56—62
Jahren.

---

[1]) K. Heyer, Waldertragsregelung, Giessen 1841.
[2]) F. Judeich, Die Forsteinrichtung, Dresden 1871.

3) Berücksichtigt man nur das Derbholz, so fällt das Maximum des laufenden und noch mehr des durchschnittlichen Zuwachses in ein beträchtlich höheres Bestandesalter. So tritt z. B. das Maximum des laufend jährlichen Massezuwachses zwischen dem 38.—60., das des durchschnittlich jährlichen Massezuwachses erst zwischen dem 55.—113. Jahre ein. Auch gilt hier, und zwar in verstärktem Masse, der von den seitherigen Anschauungen abweichende und bereits ad 2) erwähnte Satz, dass das Maximum der Derbholzproduktion früher auf guten als schlechten Bonitäten eintritt. Es fällt z. B. das Maximum des durchschnittlichen Massezuwachses bei

I. Bonität zwischen 55 und 73 Jahre
II.   „   „   78 „ 91   „
III.   „   „   94 „ 104   „
IV.   „   „   103 bis 113   „

Hinsichtlich der wichtigen Frage, ob der Kulminationspunkt des laufenden und durchschnittlichen Massezuwachses der Bestände früher auf guter oder schlechter Bonität eintritt, vereinigten sich seither wohl die Ansichten dahin, dass unter günstigen Standortsverhältnissen der Zuwachs ein länger andauernder sei. So spricht sich z. B. Albert Seite 72 seiner Forstbetriebsregulirung dahin aus, dass die besseren Standorte nicht nur grössere Holzmengen produziren (was unbestritten ist), sondern dass in ihnen auch der Zuwachs später kulminire. Aus unseren Untersuchungen geht nun klar das Gegentheil hervor. Bei einigem Nachdenken lässt sich auch der Grund für diese Beobachtung leicht erkennen. Auf günstigen Standorten wächst die Fichte viel schneller, der Kampf der stärkeren Pflanzen mit den Schwächlingen vollzieht sich viel rascher, man kann häufiger und reichlicher durchforsten, und desshalb muss auch das Maximum des Massezuwachses hier frühzeitiger als unter Verhältnissen eintreten, wo der Zuwachs ein träger und der Unterdrückungsprocess ein langsamerer ist.

Auch darüber, wann der laufende und durchschnittliche

Zuwachs der Bestände überhaupt kulminire, waren die Ansichten seither sehr getheilt. Nach unserer Ansicht ist dieser Gegenstand seit K. Heyer[1]) nicht wesentlich gefördert worden. Wenigstens bieten die neuen taxatorischen Werke bezüglich dieser Frage wenig neue Anhalte[2]) und auch die Verfasser der vielen forstlichen Hilfstafeln der Neuzeit vermögen schon desshalb wenig zur Klarstellung dieser wichtigen Angelegenheit beizutragen, weil sie selbst zu wenig neue, selbstgeschaffene Bausteine einzufügen wissen.

Wir haben nun aus den vorstehend mitgetheilten Normalertragstafeln die feste Ueberzeugung gewonnen, dass der durchschnittlich jährliche und natürlich noch mehr der laufende Massezuwachs weit früher kulminirt, als viele Fachgenossen seither annahmen.

Auch K. Heyer[3]) vertrat schon 1841 die Ansicht des frühzeitigen Kulminirens des Massezuwachses, indem er folgenden Satz niederschrieb:

»An der vorgewachsenen (prädominirenden) Bestandesklasse (von welcher jedoch ein grosser Theil der Stämme späterhin ebenfalls noch übergipfelt wird und den Zwischennutzungen zufällt) erfolgt der höchste laufend-jährliche Massezuwachs zur Zeit des vorherrschenden Höhetriebes, mithin noch lange vor der vollen Mannbarkeit; der höchste jährliche Durchschnittszuwachs aber spätestens mit der vollen Mannbarkeit — bei schnellwüchsigen Holzarten noch früher — und erhält sich von da an noch geraume Zeit ziemlich auf derselben Stufe, bevor er wieder zu sinken beginnt. Diese Abnahme im höheren Alter geschieht sehr allmählich und nur bei lichtbedürftigen Hölzern (wie Kiefer, Lärchen, Erlen, Birken etc. etc.) zumal auf mageren und trockenen Standorten früher und rascher.«

Es ist nur zu bedauern, dass K. Heyer seine zahlreichen

---

[1]) K. Heyer, Waldertragsregelung, Giessen 1841.

[2]) Judeich stellt sich z. B. hinsichtlich der Zuwachsgesetze in der Hauptsache auf den K. Heyer'schen Standpunkt.

[3]) Waldertragsregelung, Giessen 1841, Seite 23.

Untersuchungen, von welchen er spricht, damals nicht veröffentlichte, seine Ansichten hätten dann gewiss weit durchschlagender gewirkt. Bekanntlich hat ja auch schon Huber den frühen Eintritt des höchsten Durchschnittsertrags bei der Kiefer, Fichte und Tanne, G. L. Hartig (im 7. Band seines Forstarchives) bei der Kiefer nachgewiesen. Auch der K. Pr. Oberförster Stahl gelangte speciell hinsichtlich der Kiefer zu den gleichen Resultaten. Unter den neueren Schriftstellern sind es Grebe und Burckhardt, welche sich ebenfalls, nach ihren veröffentlichten Ertragstafeln zu schliessen, zur ziemlich frühzeitigen Kulmination des durchschnittlichen Zuwachses hinneigen, nur scheint Burckhardt der Ansicht zu sein, das Maximum des Durchschnittszuwachses trete unter günstigen Standortsverhältnissen später ein, als auf schlechten Bonitäten, über welchen Punkt wir jetzt anderer Ansicht geworden sind. Die nachstehende Uebersicht gestattet einen Blick in die Anschauungen verschiedener Schriftsteller über. den angeregten Punkt.

Wirft man einen Blick auf die Pfeil'schen Angaben, so muss man sich wundern, dass nach ihm das Maximum des laufenden Zuwachses bei den drei besten Bonitäten erst in das 70.—80. Jahr fallen, während der höchste Durchschnittszuwachs jedenfalls nicht vor dem 120. Bestandesalter eintreten soll. Nach **Pfeil** wachsen überhaupt die Durchschnittserträge in infinitum fort; er findet kein Maximum des Durchschnittszuwachses. Wenn man nun auch gern zugeben kann, dass es 1843, als Pfeil seine Ertragstafeln herausgab, noch an von Jugend auf ordnungsmässig durchforsteten Beständen fehlte und dass darum vieles übergipfelte Holz mit in die Haubarkeitsmasse eingerechnet worden sein mag, so lässt sich trotzdem ein so anhaltendes Steigen des Durchschnittszuwachses vorzugsweise nur daraus erklären, dass Pfeil seine Ertragstafeln mit mangelhaftem, unzureichendem Materiale willkürlich und ohne das für solch schwierige Arbeiten absolut erforderliche mathematische Verständniss zusammensetzte.

Auch nach Pressler, welcher jedoch, soweit wir unter-

Eintritt des Maximums
des laufenden und durchschnittlichen Zuwachses für normale Fichtenbestände.

Nach den Angaben von	I. Bonität		II. Bonität		III. Bonität		IV. Bonität		V. Bonität	
	laufender	durch-schnittlicher	laufen-der	durch-schnitt-licher	laufen-der	durch-schnitt-licher	laufen-der	durch-schnitt-licher	laufen-der	durch-schnitt-licher
	Zuwachs		Zuwachs		Zuwachs		Zuwachs		Zuwachs	
	Jahre		Jahre		Jahre		Jahre		Jahre	
Grebe [1]	40—50	80	40—50	70—80	40—50	70—80	40—50	70—80	50—60	70—80
Pressler [2]	50—70	100	50—70	100	60—70	90—100	40—70	90	30—40	60
Karl [3]	100 u. mehr	100 u. mehr	—	—	—	—	—	—	—	—
Pfeil [4]	80	120	70	120	70	120	60	120	60	80
K. Fischbach [5]	70—80	90—100	70—80	90—100	70—80	100	70—80	90	—	—
Burckhardt [6]	40—60	80—90	60—70	70—80	40—50	70—80	40—50	60	40—50	60—70
F. Baur [7] für Derbholz .	40	60—70	40	80—90	55—60	90—100	55—60	100—110	—	—
desgl. für Derb- u. Reisholz	30	50	40	60	40	60—80	40	60—70	—	—

[1] Grebe, Forstbetriebsregulirung Seite 79.

[2] Pressler, Forstl. Ertrags- und Bonitirungs-Tafeln, Leipzig 1870.

[3] Karl, vergl. Erfahrungstafeln etc. von Dr. W. Pfeil, Berlin 1843, Seite 44 und 45. Die Karl'schen Angaben beziehen sich nur auf I. Bonität (guten Lehmboden). Karl findet bei 100 Jahren noch einen steigenden laufenden und durchschnittlichen Zuwachs, was unmöglich erscheint, wenn die Bestände ordnungsmässig durchforstet.wurden.

[4] Pfeil, Erfahrungstafeln etc., Berlin 1843. Die Versuche wurden auf buntem Sandstein in der Grafschaft Henneberg angestellt. Pfeil findet gar kein Maximum des Durchschnittszuwachses, wesshalb seine Angaben keinen Glauben verdienen.

[5] K. Fischbach, Allg. kleine Ertragstafeln etc., Monatschrift für Forst- und Jagdwesen 1873, Seite 337 u. f. Fischbach unterschied 5 Bonitäten; er fügte aber für die V. Bonität keine besondere Spalte ein, weil seine Zahlen immer nur die Minimalsätze der betreffenden Bonität bezeichnen. Die Ertragsangaben beziehen sich nur auf 70—160jährige Bestände.

[6] Burckhardt, Hülfstafeln für Forsttaxatoren, Hannover 1873.

[7] Vergleiche vorstehend mitgetheilte Ertragstafeln.

richtet sind, meist älteres Material zu neuen »Normalertragstafeln für Deutschland« verarbeitete, soll der höchste Durchschnittszuwachs normaler Fichtenbestände bester Standortsgüte erst mit 100 Jahren eintreten, was uns sehr zweifelhaft erscheint. Ebenso sollen nach Pressler z. B. normale Fichtenbestände ausgezeichneten Standorts pro Hektar noch 1359 Festmeter Haubarkeitsmasse liefern. In ganz Württemberg sind so massenreiche Bestände auf zusammenhängenden Flächen von mindestens 0,25 Hektar nicht zu finden und es ist uns zweifelhaft, ob in irgend einem andern deutschen Staate die Verhältnisse günstiger liegen. Dass man auf einer Probefläche von wenigen Aren so hohe Erträge finden kann, soll nicht bestritten werden, dann hat man es aber nicht mehr mit normalen, sondern mit idealen Ertragstafeln zu thun. Ueberhaupt ist der Zuwachsgang normaler Fichtenbestände nach Pressler ein ganz anderer, als nach unseren Untersuchungen. Unsere Ertragstafel I. Bonität fällt z. B. in ihrem Endergebniss mit der Pressler'schen Tafel »sehr gut« nahe zusammen, während die Zwischenglieder beträchtlich von einander abweichen, denn die Holzmassen steigen in jungen und mittelalten Beständen nach uns viel rascher als nach Pressler auf. Es enthält ein normaler Fichtenbestand unter »sehr guten« Standortsverhältnissen pro Hektar an Festmetern

im Jahre	nach Pressler	nach Baur
20	91	137
40	277	412
60	501	616
80	726	768
100	924	902
120	1079	1015

Würde Pressler über den Gegenstand umfangreiche und gründliche selbstständige Versuche angestellt haben, er wäre sicher zu ganz anderen Resultaten gelangt.

Wenn endlich noch vor zehn Jahren [1] ein anderer sonst

---

[1] Pfeil-Nördlinger, Kritische Blätter, 48. Band I. Heft.

fleissiger Forscher auf Grund eigener Untersuchungen zu dem jedenfalls falschen Resultat gelangte, »der Gesammtdurchschnittszuwachs, weit entfernt vom 60. Jahr aufwärts nachzulassen, steige fort und fort bis in's hohe Alter« und es bestehe daher, so lange der Bestand gesund sei, gar kein Kulminationspunkt für den Durchschnittszuwachs, so lässt sich eine solche Ansicht nur aus der angewendeten Untersuchungsmethode erklären. Es wurden nämlich im vorliegenden Falle die Zuwachsgesetze des einzelnen Baumes mit denjenigen des Bestandes verwechselt und insbesondere die im Laufe der Jahre den Durchforstungen anheimfallenden Bäume unberücksichtigt gelassen. Dass aber die Zuwachsgesetze des Einzelbaumes von denen des Bestandes sehr wesentlich abweichen, ist eine längst anerkannte Thatsache.

K. Heyer sprach sich hierüber schon 1841 wie folgt aus [1]:

»a) Die im ganz freien Stande erwachsenen Stämme behalten unter sonst günstigen Lokalverhältnissen einen steigenden jährlichen Massezuwachs bis weit über das Mannbarkeitsalter hinaus und einen steigenden Durchnittszuwachs noch weiterhin — meist bis zu einem sehr hohen Lebensalter.«

»b) An den in gedrängtem Schlusse erwachsenen prädominirenden Einzelstämmen tritt der höchste Durchschnittszuwachs mit oder bald nach der Mannbarkeit ein, erhält sich aber noch geraume Zeit ziemlich auf derselben Stufe, steigt wohl auch weiter noch etwas bei solchen Holzarten, welche, wie die Kiefern, Lärchen, Eichen, Eschen, Rüstern, Birken u. s. w. sich zeitig zu lichten beginnen.«

Auf Grund vorstehender Betrachtungen und insbesondere gestützt auf unser eigenes umfangreiches Versuchsmaterial, dürfte daher der Lehrsatz, dass das Maximum des durchschnittlich jährlichen und noch mehr des laufend jährlichen Massezuwachses schon in der von uns bezeichneten Lebensperiode der Bestände eintrete, bald allgemeine Anerkennung finden.

---

[1] Waldertragsregelung 1841, Seite 22.

4) In geschlossenen Beständen gleicher Bonität ist der laufend jährliche Massezuwachs proportional dem laufend jährlichen Höhenzuwachs, d. h. es verhalten sich, gleiche Bonitäten vorausgesetzt, die Massen zweier ungleich alten Bestände wie ihre Höhen.

Von der annähernden Richtigkeit dieses ganz aus der Beobachtung abgeleiteten Satzes waren wir überzeugt, sobald wir einen Blick auf unsere fertig gestellten Höhen- und Massenkurven für Derb- und Reisholz warfen; sie zeigten eine auffallende Aehnlichkeit hinsichtlich ihrer Form. Es lässt sich aber die Richtigkeit des Satzes, soweit es für unsere praktischen Bedürfnisse nothwendig ist, auch direkt aus unseren Ertragstafeln selbst ableiten. Einige Beispiele mögen solches klar machen:

Beispiel 1. Nach vorstehender Ertragstafel hat ein 50jähriger Fichtenbestand I. Bonität pro Hektar 526 fm (Festmeter) Derb- und Reisholz und 18,9 m Höhe, ein 70jähriger 697 fm und 24,9 m Höhe; es sollte daher nach obigem Satz die Proportion bestehen:

$$526 : 697 = 18,9 : 24,9.$$

Ist unser Satz richtig, so müssen (praktisch genau) die Produkte der beiden äusseren und inneren Glieder einander gleich sein. Faktisch erhält man $13097 = 13173$ oder abgerundet $131 = 132$, also nahezu gleich.

Beispiel 2. Desgleichen hat ein 60jähriger Bestand II. Bonität pro Hektar 495 fm und 16,8 m Höhe, ein 80jähriger 651 fm und 22 m Höhe und es besteht daher die Proportion:

$$495 : 651 = 16,8 : 22 \text{ oder}$$

$10934 = 10890$ und beiderseits durch Hundert dividirt und abgerundet $109 = 109$, also ganz gleich.

Beispiel 3. Ein 50jähriger Bestand III. Bonität hat pro Hektar 292 fm und 11,0 m Höhe, ein 80jähriger 486 fm und 17,6 Höhe, daher

$$292 : 486 = 11,0 : 17,6 \text{ oder}$$

$5346 = 5139$ und abgerundet $53 = 51$ also wiederum nahezu

gleich, obgleich beide Bestände um 30 volle Jahre auseinander liegen.

Beispiel 4. Ein 61jähriger Bestand I. Bonität hat pro Hektar 625 fm und 22,2 m Höhe, ein 100jähriger 902 fm und 31,9 m Höhe, daher

$$625 : 902 = 22,2 : 31,9 \text{ oder}$$

19937 = 20024 und abgerundet 199 = 200 d. h. die praktische Richtigkeit des Satzes ist selbst für Bestände bewiesen, welche hinsichtlich ihrer Alter um 40 Jahre von einander abweichen.

Diese wenigen Beispiele werden genügen, um den geneigten Leser von der Richtigkeit des ausgesprochenen Satzes zu überzeugen; [1] welch letzterer schon in der nächsten Zeit eine grosse wirthschaftliche Bedeutung erlangen dürfte. Nachdem nämlich nachgewiesen ist, dass sich in Normalbeständen gleicher Bonität, und natürlich auch in geschlossenen Bestandespartieen lückenhafter Bestände die Holzmassen wie die Höhen verhalten, d. h. dass unter den angegebenen Verhältnissen die Holzmassen nur Funktionen der Höhe sind, haben wir nun ein höchst einfaches und zuverlässiges Mittel für die Bonitirung der Bestände gefunden, an welchem es bis jetzt fast gänzlich fehlte. Wurde doch seither allgemein über die grosse Schwierigkeit, konkrete Bestände in die richtige Bonität einzureihen, geklagt. Die einzelnen Faktoren der Stand-

---

[1] Als Beweis, wie klar schon K. Heyer in die Holzzuwachsgesetze der Bestände sah, möge dienen, dass derselbe bereits 1841 auf Seite 23 seiner Waldertragsregelung sich dahin aussprach, dass in gleich alterigen geschlossenen Beständen bis zur Mannbarkeit hin die Massengehalte zweier Bestände sich wie ihre Höhe verhielten. Allerdings hat K. Heyer damals seine Behauptung weder durch Vorlegung seines Untersuchungsmaterials noch durch Veröffentlichung von Ertragstafeln belegt, aber um so mehr waren wir überrascht, die alte Heyer'sche Lehre in unsern neu aufgestellten Ertragstafeln bestätigt zu finden. Wenn der K. Heyer'sche Satz damals und bis jetzt wenig beachtet wurde, und insbesondere in der forstlichen Praxis keine Nutzanwendung fand, so mag dieses darin liegen, dass Heyer glaubte, das fragliche Gesetz gelte nur bis zur Mannbarkeit der Bestände, während es nach unsern Versuchen für die Fichte wenigstens bis zum Haubarkeitsalter, d. h. mindestens bis zum 120. Jahre, sich nachweisen lässt.

ortsgüte sind zu verschieden, und wir waren ausser Stande, die Leistungsfähigkeit jedes einzelnen Faktors der Standortsgüte in Procenten auszudrücken. Jetzt gestaltet sich die Sache viel einfacher. Unsere Höhenkurven und Ertragstafeln belehren uns darüber, wie hoch ein Bestand in jedem beliebigen Lebensalter sein muss, um irgend einer Bonität anzugehören. Ein geschlossener Bestand, welcher z. B. im 100. Jahre 31,9 m hoch ist, gehört der I. Bonität an, ein anderer, welcher im gleichen Jahre nur 25,9 m besitzt, ist der II. Bonität einzureihen u. s. w. Die Höhen können mit einem einfachen Höhenmesser genügend genau bestimmt werden.

Auch Burckhardt [1]) erklärt die mittlere Bestandeshöhe als einen sehr beachtenswerthen Faktor für die Bonitirung, nur meint er, dass dieselbe in den jüngeren Altersklassen noch nicht ihre volle Bedeutung habe. Wir geben gern zu, und haben es an einer früheren Stelle auch bereits ausgesprochen, dass man sehr dichte Saaten und natürliche Verjüngungen der Fichte, welche nicht rechtzeitig durchforstet wurden, etwas zu niedrig bonitiren kann, wenn man sich nur an die Bestandeshöhe hält; aber den steigenden Holzpreisen gegenüber wird ein Versäumen der Durchforstungen künftig immer seltener werden. Sodann wird ja auch nicht für die Ewigkeit bonitirt. Sollte es daher einmal vorkommen, dass im Laufe der Jahre ein Bestand in eine andere Bonität hineinwächst, so kann ja die nöthig werdende Ueberschreibung bei künftigen Revisionen oder neuen Bonitirungen vorgenommen werden.

5) Da man das Zuwachsprocent p erhält, indem man den laufend jährlichen Zuwachs z dividirt durch die Masse m, an welcher z erfolgte $\left(p = \dfrac{z}{m}\right)$, so müssen, wie das schon längst bekannt ist, schon aus rein mathematischen Gründen die Zuwachsprocente mit den wachsenden Bestandesaltern abnehmen, denn der Nenner m des Bruches $\dfrac{z}{m}$ vermehrt sich jährlich um einen

---

[1]) Hülfstafeln für Forsttaxatoren, Hannover 1873, Seite 45.

Jahreszuwachs, während der Zähler z stets nur den letzten einjährigen Zuwachs ausdrückt. Das geht denn auch aus unsern Ertragstafeln, in welchen die Zuwachsprocente für vier verschiedene Bonitäten von Jahr zu Jahr berechnet wurden, in überzeugender Weise hervor.

6. **Die Zuwachsprocente sinken um so rascher, je besser der Standort des Bestandes ist und umgekehrt.** So ist z. B. das Zuwachsprocent des Derbholzes

$$\text{im 60. Jahre bei I. Bonität} = 1,8$$
$$\text{,, ,, ,, ,, II. ,,} = 2,3$$
$$\text{,, ,, ,, ,, III. ,,} = 3,2$$
$$\text{,, ,, ,, ,, IV. ,,} = 4,0$$

Auch in dieser Beziehung war man seither vielfach anderer Ansicht. Es mag sich dieses aus dem früheren unvollständigen Versuchsmateriale erklären. Nach Grebe[1] z. B. sinken die jährlichen Zuwachsprocente incl. Vorertrag mit abnehmender Bonität; er gibt das Zuwachsprocent 60—70jähriger Fichtenbestände auf gutem Boden $= 2,7$; auf mittelmässigem Boden $= 2,5$ und auf schlechtem Boden $= 2,3$ an.

Auch G. L. Hartig (Instruktion für die preussischen Forsttaxatoren) nimmt ein Sinken der Zuwachsprocente bei gleich alten Beständen mit abnehmender Standortsgüte an.

Dagegen gelangte Nördlinger[2], wenn auch mehr durch spezielle Untersuchung einzelner Bäume und darum auf ganz anderem Wege, zu ähnlichen Resultaten wie wir, indem er sich bezüglich des fraglichen Punktes wie folgt ausspricht:

„Je stärker ein Baum in seiner Jugend zuwächst, je voluminöser er also in kurzer Zeit wird, desto rascher sinkt sein Zuwachsprocent."

„Je langsamer ein Baum an Masse zulegt, desto länger erhält sich oder desto langsamer fällt auch sein Zuwachsprocent."

7. **Die Kreisflächensummen normaler Fichtenbestände sinken mit abnehmender Bonität, jedoch**

---

[1] Grebe, Forstbetriebsregulirung, I. Auflage, Seite 84.
[2] Nördlinger, Kritische Blätter, 48. Band, 1. Heft, Seite 194.

langsamer als die Holzmassen abnehmen. Denn es beträgt in einem Bestand von

		die Kreisflächensumme pro Hektar	das Derb- u. Reisholz pro Hektar
60 Jahren	I. Bonität	48,2 □m	612 fm
„ „	II. „	44,5 „	495 „
„ „	III. „	38,7 „	362. „
„ „	IV. „	33,1 „	255 „

Das Maximum des laufend jährlichen und durchschnittlichen Kreisflächenzuwachses tritt früher ein als dasjenige des Höhen- und Massenzuwachses, und zwar bei Beständen besserer Bonität wieder zeitlicher als unter schlechten Standortsverhältnissen; denn es fällt das Maximum

		des laufenden Kreisflächen-Zuwachses	des durchschnittlichen Kreisflächen-Zuwachses
bei Beständen	I. Bon. zwischen	12—15 Jahre	20—23 Jahre
„ „	II. „ „	12—20 „	22—28 „
„ „	III. „ „	17—22 „	30—33 „
„ „	IV. „ „	18—28 „	35—44 „

9. Der laufend jährliche Kreisflächenzuwachs bleibt sich etwa vom 60. Jahre an fast gleich, denn er beträgt z. B. bei Beständen I. Bonität pro Hektar

zwischen 41— 69 Jahren	jährlich nur	0,3 □m
„ 70—109 „	„ „	0,2 „
„ 110—120 „	„ „	0,1 „

Aehnliches gilt vom durchschnittlich jährlichen Zuwachs.

10. Schliesslich sei noch bemerkt, dass auf den Zuwachsgang und die Massenproduktion der Fichtenbestände die geognostische Formation (in dem gewöhnlichen summarischen Begriff des Wortes) einen weit geringeren Einfluss zu haben scheint, als die Art des Verwitterungsproduktes selbst, sowie Lage und Exposition. Es wachsen z. B. auf dem Gletscherschuttland (Diluvium) Oberschwabens (siehe Revier Baindt und Weingarten) gerade so hohe und massenreiche Holzbestände, als auf den einzelnen, wenn auch nicht allen, Schichten der Keu-

per- und Juraformation (Reviere Hohenberg, Ellenberg, Dettenroden, Kapfenburg u. s. w.) Ein wesentlicher Unterschied scheint
nur in so fern zu bestehen, als in gewissen Formationen (Baindt,
Weingarten) häufiger die guten, in anderen dagegen (Mariä-
Kappel, Ellenberg, Dettenroden, Schrezheim) neben den guten
auch die schlechteren Standorte hervortreten. In den Fichten-
revieren Oberschwabens verlohnte sich überhaupt nur die Ausscheidung von zwei Bonitäten (I. und II.), während z. B. in
den Revieren Mariä-Kappel die Bonitäten I., II., III. und IV.
die schlechteren allerdings in weit geringerer Anzahl zu finden waren.

Zweiter Abschnitt.

Die Form der Fichte.

Einleitung.

Im ersten Abschnitte haben wir von dem Ertrage und Zuwachsgang normaler Fichtenbestände gehandelt. Wenn nun auch mit Hülfe der dort veröffentlichten neuen Ertragstafeln sich die Holzmassen normaler und abnormer Bestände mit ziemlicher Sicherheit ermitteln lassen, so gibt uns doch die Holzmesskunde noch zuverlässigere, wenn auch etwas zeitraubendere Mittel zur Bestimmung der Holzmassen beliebiger Bestände an die Hand. Wir rechnen hierher auch die Bestandesaufnahme mittelst Formzahlen, jedoch nur unter der Voraussetzung, als letztere für die wichtigsten Holzarten sorgfältigst und an einer grossen Anzahl zur Fällung gelangten Probestämmen ermittelt worden sind.

Die bis jetzt veröffentlichten Formzahlen sind aber nach verschiedenen Richtungen noch ungenau und unvollständig. Wir zogen daher auch die Form der Fichte mit in das Bereich unserer Untersuchungen. Wie nothwendig dieser Schritt war, möge daraus folgen, dass wir in der That zu Resultaten gelangten, welche theilweise das Gegentheil von dem sind, was von vielen Fachgenossen insbesondere in Folge der Lehren Pressler's, seither als richtig angenommen und von Letzterem lebhaft verfochten wurde.

Für diejenigen geneigten Leser aber, welche nicht in der Lage waren, den Verhandlungen der letzten zwanzig Jahre über

die Formzahlen näher folgen zu können, dürften zunächst nachstehende einleitende Bemerkungen nicht unwillkommen sein:

Die Formzahlen, zu deren Berechnung und Gebrauch unseres
Wissens Paulsen schon 1800 die ersten Gedanken und Anhalte gab, fanden später eine weitere Ausbildung durch Hoss-
feld, Heinrich Cotta, König, Hundeshagen, Smalian
nnd Andere. Sieht man von der in neuester Zeit von Riniker
in Vorschlag gebrachten Berechnungsweise der Formzahlen ab,
so wurden sämmtliche bis jetzt veröffentlichten Formzahlen
nach zwei prinzipiell verschiedenen Methoden berechnet.

Bei den älteren Formzahlen wurde die Grundstärke des
Baumes, aus welcher man mit Hülfe der Scheitelhöhe die Idealwalze berechnet, in einer konstanten Höhe vom Boden, etwa
in 1,3 Meter (oder Brusthöhe), gemessen. Diese Art Formzahlen bezeichnet man vielfach mit dem Namen unechte oder
„Brusthöhenformzahlen". Sie besitzen bekanntlich die
Eigenschaft, dass sie mit wachsender Scheitelhöhe des Baumes
kleiner werden. Brusthöhenformzahlen sind die von Hoss-
feld, H. Cotta, König, Hundeshagen, sowie die von
der Grossh. bad. Forstverwaltung veröffentlichten und endlich
auch diejenigen, welche die K. Bayer. Forstverwaltung an 40220
Stämmen mit grossem Aufwand an Zeit und Kosten in dankens-
werther Weise berechnen liess und auf welche sich auch die
in Wissenschaft und Praxis so vortheilhaft bekannten „bayerischen Massentafeln" gründen.

Die zweite Art der Berechnung der Formzahlen stützen
sich auf den Satz, dass ähnlichen Baumkörpern nur dann gleiche
Formzahlen entsprechen können, wenn man die Grundstärke in
einem der Gesammthöhe (Scheitelhöhe) proportionalen Abstande
vom Boden abgreift. Diese Formzahlen hat Pressler echte
oder Normalformzahlen genannt. Sie sind aber weit älteren Ursprungs, denn schon Smalian machte 1837 in seinen „Bei-
trägen zur Holzmesskunst" und 1840 in seiner „Anleitung und
Feststellung des Waldzustandes u. s. w." darauf aufmerksam,
dass man die Grundstärke allgemein in $\frac{1}{n}$ (sei es in $^1/_{15}$, $^1/_{20}$, $^1/_{25}$ etc.)

der Scheitelhöhe messen müsse. Er schlug daher auch damals vor, allgemein die Bäume, seien diese hoch oder niedrig, in $^1/_{20}$ der Scheitelhöhe zu messen.

Der wesentliche Unterschied zwischen Brusthöhen- und Normalformzahlen liegt hiernach darin, dass bei ersteren der Messpunkt stets in einer konstanten Höhe vom Boden (nach neueren Vereinbarungen 1,3 Meter über demselben) liegt, während er bei letzteren je nach der Scheitelhöhe des Baumes bald höher, bald tiefer fällt. So ist z. B. bei einem 10 Meter hohen Baum der Messpunkt $^{10}/_{20} = 0,5$ Meter vom Boden, bei einem 40 Meter hohen, aber $^{40}/_{20} = 2$ Meter von demselben entfernt. Die Brusthöhenformzahlen bieten daher die Annehmlichkeit, dass man die Grundstärke des Baumes stets in 1,3 Meter vom Boden abgreifen kann, dagegen sind dieselben neben der Baumform auch noch von der Scheitelhöhe abhängig, mit welcher sie, wie bemerkt, abnehmen. Die Normalformzahlen dagegen haben die Unbequemlichkeit, dass die Grundstärke des Baumes bald höher bald tiefer am Baume abgegriffen werden muss, dagegen sollen sie, so wurde wenigstens, wenn auch mit Unrecht, behauptet, nur von der Baumform, nicht auch von der Scheitelhöhe, abhängig sein.

Welcher Berechnungsart der Formzahlen der Vorzug für Wissenschaft und Praxis einzuräumen sei, darüber wurde lange Zeit gestritten. Gegenwärtig dürften sich die Praktiker und wohl auch die meisten Theoretiker auf die Seite der Brusthöhenformzahlen geschlagen haben. Wir glauben wenigstens durch unsere Untersuchungen den Beweis geliefert zu haben, dass den Brusthöhenformzahlen vor den echten Formzahlen unbedingt der Vorzug gebührt[1]).

Schon König sah sich hinsichtlich der Normalformzahlen in seiner Forstmathematik zu folgender Bemerkung mit Recht verpflichtet: „Die Stärkenmessung in $^1/_{20}$ der Scheitelhöhe ist unthunlich, beschwerlich und unrichtig, denn man müsste vor jeder Messung erst die Scheitelhöhe schätzen, in niedrigen Be-

---

[1]) Auch Professor Kunze in Tharand theilte uns kürzlich mit, dass er auf Grund seiner neuesten Untersuchungen zu derselben Ansicht gelangt sei.

ständen knieend messen und zuweilen die Wurzelrücken um-
spannen, zuweilen nicht".

Dass auch Forstrath Dr. Klaubrecht die Stärkenmessung
in $^1/_{20}$ der Scheitelhöhe nicht für angemessen hielt, dürfte daraus folgen, dass er auf den Gegenstand Seite 45 und 47 seiner
„Holzmesskunst" vom Jahre 1846 zurückkam und in der That
für mittelhohe Bestände Formzahlen für $^1/_{10}$ und für höhere
Bestände solche für $^1/_{20}$ der Scheitelhöhe berechnete.

Endlich hat Dr. G. Heyer[1] denselben Gegenstand einer streng
wissenschaftlichen Untersuchung unterzogen, und es ebenfalls
für unpraktisch gefunden, die Grundstärke stets in $\dfrac{H}{20}$, statt je
nach Bedürfniss allgemein in $\dfrac{H}{n}$ abzunehmen. Er äusserte damals ganz ähnliche Bedenken wie König und andere, welche
sich den Gegenstand ernstlich überlegten und drückte sich daher auch auf Seite 61 seiner Schrift wie folgt aus: „Praktisch
ist die Messung in $\dfrac{H}{n}$ kaum ausführbar, zum Wenigsten bei
grösseren Taxationen. Welche Umständlichkeit würde es in
der That verursachen, wenn man die Höhe jedes Baumes erst
messen, dann dieselbe durch n dividiren und nun den Abstand
$\dfrac{H}{n}$ vom Boden abgreifen wollte. Mit dem blossen Schätzen
von H und $\dfrac{H}{n}$ reicht man aber hier nicht aus, denn dieses ist
nicht zuverlässig genug, und es können sich dabei grössere
Fehler einstellen, als wenn man alle Bäume in einer konstanten Entfernung vom Boden, d. h. in Brusthöhe misst . . . . ."

Auf diese und ähnliche Aeusserungen namhafter Autoritäten
hin und gestützt auf die weitere Wahrnehmung, dass auch verschiedene Forstverwaltungen Brusthöhenformzahlen veröffentlichten, insbesondere die 1847 erschienenen bayer. Massentafeln
sich auf Brusthöhenformzahlen gründen, hätte man annehmen

---

[1] G. Heyer, Die Ermittlung der Masse, des Alters und des Zuwachses
der Bestände, Dessau 1852.

sollen, die auf $\frac{H}{20}$ berechneten Formzahlen würden wenigstens für Zwecke der Bestandesschätzung nicht weiter verfolgt und empfohlen. Diese Vermuthung ging aber nicht in Erfüllung.

Es war Hofrath **Pressler** in Tharand, welcher in den 1850er Jahren die einseitig auf $\frac{H}{20}$ berechneten Formzahlen wieder aufgriff und sie lebhafter denn je zuvor vertheidigte. Die Brusthöhenformzahlen wurden von ihm für „einseitig, pedantisch, unsystematisch und unpraktisch, die Normalformzahlen dagegen für vielseitig, praktisch, systematisch, mit erheblichen wissenschaftlichen Kunstgriffen (ohne umständliche mechanische Knaupelei) und mit der rechten technischen Kunst ausgerüstet erklärt", insbesondere glaubte sie **Pressler** bei „etwas mathematischem Bewusstsein und geometrisch gebildeter Phantasie" bis auf eine Einheit genau ansprechen zu können.

Ueber die auf Brusthöhenformzahlen sich gründenden bayer. Massentafeln wurde unter Anderm von **Pressler** Seite 23 des Tharander Jahrbuchs von 1853 wörtlich bemerkt: „Die bayerischen Massentafeln können zu einer eigentlichen Kunst der Baum- und Massenschätzung ebenso wenig führen, weil auch sie eine konstante Höhe bei der Stärkenmessung gewählt und auch ihre erlangten und gebrauchten Formzahlen die in der Taxationspraxis unzulässige Eigenthümlichkeit haben, dass sie nicht allein von der Form, sondern bei gleicher Form auch noch von der Höhe des Baumes abhängen." **Pressler** hatte bei diesem irrigen Ausspruche offenbar nicht bedacht, dass man die Grundstärke der Bäume nicht einseitig in $\frac{H}{20}$, sondern ganz allgemein in $\frac{H}{n}$ abzugreifen nothwendig habe. Da aber bei den bayerichen Massentafeln Höhenklassen ausgeschieden werden, so genügen sie auch vollständig der Theorie, indem bei konstantem Messpunkt über dem Boden dieser sich je nach der Höhe der Bäume bald auf $\frac{H}{10}$, $\frac{H}{11}$, $\frac{H}{12}$ .... $\frac{H}{20}$, $\frac{H}{21}$ u. s. w. bezieht. **Pressler** sah sich auch auf ihm wiederholt gemachte Einwürfe bald genöthigt, für Zwecke der Bestandesschätzung die Messung der Grundstärke in $\dfrac{H}{20}$ aufzugeben und zur Messung in **Brusthöhe** (1,3 Meter über dem Boden) überzugehen. Da er aber seine echten Formzahlen trotzdem nicht aufgeben wollte, so musste er auch die Scheitelhöhen wieder einführen und an seinen Formzahlen eine den verschiedenen Scheitelhöhen entsprechende Korrektion anbringen, wodurch er nothwendig — wenn auch auf Umwegen — zu den Resultaten der Brusthöhenformzahlen gelangen musste, wie wir an verschiedenen Orten nachgewiesen zu haben glauben [1]). Damit fiel auch selbstverständlich der den bayerischen Massentafeln gemachte Vorwurf, dieselben könnten die Scheitelhöhen nicht entbehren, in sich zusammen und die Ansichten, welche wir 1864[2]) über die bayerischen Massentafeln aussprachen, sind wohl jetzt fast allgemein als richtig anerkannt.

Auf die Tage heftiger literarischer Kämpfe folgte nämlich eine 10—15jährige Periode gründlicher Prüfung, deren Endergebniss man wohl ziemlich zutreffend in folgenden wenigen Sätzen zusammenfassen kann: die **Pressler'**schen Formzahlen haben hinsichtlich ihrer Anwendung für Fragen der Bestandesschätzung keine Fortschritte gemacht, dagegen ist die Ansicht, dass für Bestandesaufnahmen die **Brusthöhenmessung** unerlässlich sei, zur herrschenden geworden und damit wären auch die so stark mitgenommenen **Brusthöhenformzahlen** wieder in ihre alten Rechte eingesetzt. Das gute Princip der bayer. Massentafeln ist jetzt fast allgemein anerkannt und die Massentafeln gelten noch so lange als ein treffliches Mittel für die Bestandesaufnahme, als sie nicht durch bessere ersetzt werden.

Für die Richtigkeit dieser Bemerkung mag ferner die Thatsache genügen, dass genannte Tafeln in verschiedene Landes-

---

[1]) Mehr über diese wissenschaftliche Streitfrage findet der geneigte Leser in unserer Abhandlung über die Formzahlen, Seite 451 u. f. des Jahrgangs 1860 der Allg. Forst- und Jagdzeitung.

[2]) Vergl. Allg. Forst- und Jagdzeitung 1864, Seite 109 u. f.

masse und seit Einführung des Metermasses in Deutschland von Regierungsrath Behm in Berlin und von Forstrath Ganghofer in München auch in dieses umgerechnet wurden. Endlich hat der Verein forstlicher Versuchsanstalten, welcher aus höheren Forstbeamten und Lehrern der Forstwissenschaft der verschiedensten Schulen zusammengesetzt ist, beschlossen, neue Uebersichten von Brusthöhenformzahlen auf Grund massenhafter Stammkubirungen zu schaffen und mit Hülfe derselben neue Massentafeln zu konstruiren.

Da jedoch Pressler seine Normalformzahlen für Zwecke der Holzmassenschätzung immer noch empfiehlt und dieselben auch in seiner Holzmesskunst, I. Band, Berlin 1873, in dieser Richtung und nicht etwa behufs Anstellung allgemein wissenschaftlicher Betrachtungen wieder aufgenommen hat, so lag uns daran, die Pressler'schen Formzahlübersichten zunächst nach zwei Richtungen zu prüfen. Wir legten uns nämlich die Frage vor: sind die Pressler'schen Formzahlen überhaupt richtig und sind die Bäume, welche Pressler einer Formklasse zutheilt, gleichformig oder doch nahezu gleichformig, was man annehmen müsste, wenn die Formzahlen, wie behauptet wurde, bis auf eine Einheit genau sollen eingeschätzt werden können.

Zu einer solchen Prüfung gaben uns die in den Jahren 1872 bis 1874 durch die hiesige forstliche Versuchsanstalt vorgenommenen Formuntersuchungen der Fichte Gelegenheit. Weil nämlich aller Grund zu der Annahme vorhanden war, die bis jetzt veröffentlichten Formzahlen seien noch unvollständig und mit vielen willkürlichen Interpolationen behaftet, so beschloss der Verein forstlicher Versuchsanstalten die Anfertigung neuer Formzahlübersichten und auf Grund dieser neue Massentafeln in theilweise veränderter Form.

Die bis jetzt veröffentlichten Baum- und Schaftformzahlen entsprechen nämlich den Bedürfnissen forstlicher Praxis nicht vollständig, denn die ersteren liefern nur die Gesammtholzmasse (excl. Stockholz) also nicht getrennt nach Derbholz (Grobholz) und Reisig. Die letzteren enthalten zwar das Derbholz, aber in dem Gipfelstück auch noch einen geringen Theil des Reisigs. Ebenso enthalten die bayerischen Massentafeln bei einzelnen Holzarten die Astholzmasse, bei anderen nicht oder nur theilweise, sie geben also auch nicht Derbholz und Reisholz getrennt an. Da aber in verschiedenen Staaten der Fällungsetat nur nach „Derbholz" festgestellt wird, die getrennte Angabe des Reisigs überhaupt wünschenswerth erscheint, so nahm der Verein forstlicher Versuchsanstalten unsere in diesem Sinne gestellten Anträge einstimmig an. Hiernach sollen künftig aufgestellt werden:

1. Derbholzformzahlen: sie beziehen sich auf den ganzen Schaftinhalt, vom Stockabschnitt an, ausschliesslich alles Ast- und Gipfelholzes von 7 Centim. Stärke und weniger am dicken Ende.

2. Baumformzahlen: sie beziehen sich auf die ganze oberirdische Holzmasse des Baumes vom Stockabschnitt an und schliessen daher alles Reis- und Gipfelholz ein.

Durch Abzug der Derbholzformzahl von der Baumformzahl ergiebt sich die Reisholzformzahl, mit deren Hilfe die Reisholzmasse des Baumes berechnet werden kann. Hiernach werden die künftigen Massentafeln die Derbholzmasse und die Gesammtholzmasse des Baumes (excl. Stockholz) enthalten, was für taxatorische Arbeiten um so willkommener sein wird, als auch bereits Vereinbarungen über gleiche Holzsortimente im deutschen Reiche getroffen wurden, welche sich an obige Bestimmungen vollständig anschliessen.[1] Der Messpunkt, auf welchen sich die neuen Formzahlen und Massentafeln beziehen sollen, wird 1,3 Meter über dem Boden, also nicht in $\frac{H}{20}$, abgegriffen. Da die Vermuthung nahe lag, die Formverhältnisse der Bäume könnten vielleicht für rein wissenschaftliche Fragen übersichtlicher durch Formzahlen, welche sich auf $\frac{H}{20}$ beziehen, studirt werden, so wurde beschlossen, nebenher auch die echten Formzahlen noch zu berechnen, wie denn

---

[1] Vergleiche unsere Monatsschrift für Forst- und Jagdwesen, Jahrgang 1876, Seite 1 u. f.

auch für andere wissenschaftliche Fragen noch Schaftformzahlen im alten Sinne berechnet werden sollen.

Die K. Württemb. forstliche Versuchsanstalt hat sich nun in den Jahren 1872—1874 ausschliesslich mit der Form der Fichte, im Jahre 1875 und 1876 mit derjenigen der Rothbuche beschäftigt. Es wurden bis jetzt in den schon im ersten Abschnitt erwähnten 99 normalen Fichtenversuchsflächen, welche einem Alter zwischen 24 und 111 Jahren und vier verschiedenen Bonitäten angehören, bereits an 1536 Probestämmen die echten wie unechten Derb-, Baum- und Schaftformzahlen mit einer wahrscheinlich früher noch nicht dagewesenen Genauigkeit ermittelt. Die Gesammthöhe (Scheitelhöhe) der Bäume wurde bis auf Decimeter genau, die Durchmesser im Messpunkt und der 1—2 Meter langen Sectionen bis auf Millimeter genau über's Kreuz gemessen, der Inhalt des Reisholzes xylometrisch und, nachdem das Verhältniss zwischen Volum und Gewicht festgestellt war, mittelst genauester Wägung bestimmt.

Die Arbeiten wurden alle durch eine Person, nämlich unsern Assistenten Dr. Bühler ausgeführt, worauf in Bezug auf Einheit des Verfahrens und Zuverlässigkeit der Resultate besonderer Werth zu legen sein dürfte. Es steht uns daher bereits ein Material zur Verfügung, welches zwar zur Aufstellung ganz befriedigender Massentafeln für Fichten noch nicht ganz genügt (die anderen Staaten werden ihre Materialien noch beizufügen haben), welches aber doch vollständig ausreicht, um die Pressler'schen Normalformzahlen im angedeuteten Sinne zu prüfen, die Vorzüge der Brusthöhenformzahlen klarzustellen und die Faktoren, von welchen die Form der Fichte abhängt, näher zu begründen. Da bei der Fichte, wenigstens vom mittleren Alter an, die Derbholzformzahlen nicht wesentlich von den Schaftholzformzahlen abweichen, so beschränken wir uns darauf, jetzt die Hauptresultate unserer Untersuchungen über Derb- und Baumformzahlen und zwar getrennt nach Normal- und Brusthöhenformzahlen folgen zu lassen.

I. Die Normalformzahlen der Fichte.

Pressler theilt im I. Band seiner Holzmesskunst, 3. Abth. Tafel 16. A, Berlin 1873, folgende sich auf $^1/_{20}$ der Scheitelhöhe beziehende Normalformzahlen mit. In dieser Uebersicht bedeuten die grossen Zahlen Stammformzahlen, die diesen als Exponenten beigesetzten kleineren Zahlen sind die Astformzahlen, die Summe beider drücken natürlich die Baumformzahlen aus. Aus diesen Formzahlen folgt, dass Pressler, ähnlich wie König, fünf Formklassen unterscheidet und es handelt sich daher nur darum, den Baum in die richtige Klasse einzuschätzen, was allerdings so einfach nicht ist. Einen Hauptanhalt soll nach Pressler das Alter des Baumes gewähren. Nennt man nämlich das Alter, in welchem der Bestand den höchsten gemeinjährigen Durchschnittszuwachs[1]) liefert, normales Forstalter A, so bezeichnet Pressler Hölzer vom Alter $^1/_4$ A als Junghölzer, von $^1/_2$ A als Mittelhölzer, von A als Althölzer und von $1^1/_2$ A als Hochalthölzer.

Normales Hölzer vom Alter	Jung- $^1/_4$ A	Mittel- $^1/_2$ A	Alt- A	Hochalt-Holz $1^1/_2$ A
Formklasse: oder	**I.** abholzig	**II.** ziemlich abholzig	**III.** mittel-holzig	**IV.** vollholzig	**V.** sehr vollholzig
Tanne	42^{10} bis	45^9 bis	48^8 bis	52^7 bis	56^6
Fichte	41^9 ,,	43^9 ,,	46^8 ,,	49^8 ,,	53^7
Kiefer	40^{12} ,,	43^{10} ,,	46^8 ,,	50^7 ,,	55^6
Lärche	40^9 ,,	42^9 ,,	44^8 ,,	47^7 ,,	50^6
Buche	40^{15} bis	44^{14} bis	47^{13} bis	51^{12} bis	55^{11}
Eiche	40^{15} ,,	43^{15} ,,	46^{14} ,,	50^{14} ,,	53^{13}
Erle	42^{11} ,,	45^{10} ,,	48^{10} ,,	52^9 ,,	55^8
Birke	40^9 ,,	42^8 ,,	44^8 ,,	46^7 ,,	49^7

Ulme, Ahorn, Esche, Aspe, Weide: wahrscheinlich zwischen Erle und Birke.

---

[1]) Da nach unsern im ersten Abschnitt mitgetheilten Untersuchungen das Maximum des Durchschnittszuwachses in bessern Bonitäten viel früher

Hiernach sind nach vorstehender Tabelle die Bäume zwischen der I. und II. Formklasse Junghölzer, diejenigen zwischen der II. und III. Klasse Mittelhölzer, der III. und IV. Klasse Althölzer und der IV. und V. Klasse Hochalthölzer.

Das normale Forstalter soll nach den vorliegenden Standortsverhältnissen schwanken

bei der Eiche . . . . . zwischen	80—160	Jahren
„ „ Buche und Tanne „	70—130	„
„ „ Fichte . . . . „	60—120	„
„ „ Kiefer . . . . „	50—100	„
„ „ Lärche und Erle . „	40—80	„
„ „ Birke . . . . . „	30—60	„

Pressler fügt seinen Formzahlen u. A. nachfolgende Bemerkungen bei: „1. bei lichterem bis ganz lichtem Erwuchse wird die Stammformzahl kleiner, in der Regel bis um ihr Zehntel, und die Astformzahl grösser bis um ihre Hälfte. 2. Bei dichtem bis gedrängtem und bis gedrücktem Erwuchse wird die Stammformzahl grösser im Jungholz bis um 1 Fünftel, im Mittel- und Altholz bis um 1 Zehntel und die Astformzahl kleiner bis um ihr Drittel und sogar bis um ihr Halbes."

Bekanntlich nehmen die Brusthöhenformzahlen mit dem wachsenden Baumalter ab, während die Pressler'schen Normalformzahlen mit demselben zunehmen sollen. Denn wirft man einen Blick auf die Pressler'schen Formzahlen, so sind z. B. für die Fichte die

	Jungholz,	Mittelholz,	Altholz,	Hochaltholz.
Schaftformzahlen bei	0,420	0,445	0,475	0,510
Baumformzahlen bei	0,510	0,530	0,555	9,585.

Die durch die hiesige Versuchsanstalt in 99 dem Alter und der Bonität nach verschiedenen Fichtenbeständen an 1536 Stämmen angestellten Untersuchungen haben das entgegengesetzte Resultat geliefert.

Um nämlich die Pressler'schen Zahlen auf ihre Richtigkeit

-eintritt als Pressler seither annahm, so sind schon aus diesem Grunde dessen Bezeichnungen, Junghölzer, Mittelhölzer u. s. w., unhaltbar geworden.

zu prüfen, haben wir zunächst alle untersuchten Stämme in vier
Altersklassen gebracht und innerhalb derselben wieder verschiedene Bonitäten ausgeschieden.

Es wurden nämlich untersucht aus der

Altersklasse 21—40 Jahren   241 Stämme
„   41—60   „   613   „
„   61—80   „   452   „
„   81—111   „   239   „
zusammen   1536 Stämme.

Die Resultate der untersuchten Stämme finden sich in nachstehenden 4 Tabellen nach Altersklassen und Bonitäten getrennt
übersichtlich dargestellt. Ebenso liefert die beigefügte Tafel VI.
eine bildliche Darstellung über den Verlauf der Formzahlen nach
Pressler's Angaben und unsern Untersuchungen[1]).

(Siehe Tabellen Seite 71—77.)

Die Altersklassen, in welche wir die Stämme brachten,
mögen nahezu dem Pressler'schen Jung-, Mittel-, Alt- und
Hochaltholz entsprechen.

Um unsere Resultate besser mit den Pressler'schen vergleichen zu können, haben wir erstere in einer gedrängten Uebersicht wie folgt zusammengestellt:

a. Schaftformzahlen.

	21—40 jähr.	41—60 jähr.	61—80 jähr.	81—111 jähr.
I. Bonität	0,456	0,495	0,489	0,490
II. „	0,451	0,518	0,499	0,500
III. „	0,409	0,545	0 502	0,471
IV. „	— .	0,511	0,511	—
Durchschnitt aller Bonitäten .	0,439	0,517	0,500	0,487.

---

[1]) Die Formzahlkurven, Tafel VI., sind in ähnlicher Weise entstanden,
wie die Kurven in Tafel I.—V. Auf die horizontale Abscissenlinie wurden
die Alter, auf die senkrechten Ordinaten die in den zugehörigen Altern gefundenen durchschnittlichen Formzahlen getrennt nach Bonitäten aufgetragen.
Durch die so entstandenen Mittelwerthe und zwischen denselben hindurch
wurden dann die Formzahlkurven aus freier Hand gezogen.

Normalformzahlen, bezogen auf $^1/_{20}$ der Scheitelhöhe.

I. Fichten 21—40jährig.

Revier nnd Abtheilung	Alter Jahre	Zahl der untersuchten Stämme	I. Bonität durchschnittliche Derb- Schaft- Baum- formzahl			II. Bonität durchschnittliche Derb- Schaft- Baum- formzahl			III. Bonität durchschnittliche Derb- Schaft- Baum- formzahl			IV. Bonität durchschnittliche Derb- Schaft- Baum- formzahl			Bemerkungen
Forstämter Ellwangen und Crailsheim.															
Rev. Dettenroden.															
Eichenrain	25	6				0,160	0,418	0,673							Pflanzung, eben.
Gehrhalde	24	15	0,259	0,466	0,677										desgl., NW-Hang.
desgl.	24	15	0,222	0,455	0,705										desgl. „
desgl.	24	11	0,283	0,465	0,693										desgl. „
Hornsberg	24	15							0,173	0,409	0,737				Pflanzung, SW-Hang.
desgl.	24	11	0,310	0,442	0,635										desgl., N-Hang.
Rev. Schrezheim.															
Schwenninger Halde	30	14				0,309	0,431	0,727							Pflanzung, eben.
desgl.	30	12				0,284	0,434	0,695							desgl.
Revier Weipperts- hofen.															
Steinhaupt	38	28				0,307	0,501	0,689							Nat. Verj., SW-Hang.
Durchschn. I. Bonit.		52	0,266	0,458	0,679										
„ II. „		60	0,287	0,463	0,698										
„ III. „		15	0,173	0,409	0,737										
Forstamt Weingarten.															
Revier Baindt.															
Stellplatz	37	27	0,411	0,452	0,526										Nat. Verj., eben.
Gansbühl	31	87				0,300	0,469	0,768							Nat. Verj., W-Hang.
Gesammtdurchschn.															
I. Bonität. . . .		79	0,322	0,455	0,627										
II. „		147	0,295	0,466	0,739										
III. „		15	0,173	0,409	0,737										
Durschn. all. Bonität.		241	0,298	0,459	0,702										

Normalformzahlen, bezogen auf $^1/_{20}$ der Scheitelhöhe.

II. Fichten 41—60jährig.

Revier und Abtheilung	Alter Jahre	Zahl der untersuchten Stämme	I. Bonität			II. Bonität			III. Bonität			IV. Bonität			Bemerkungen
			durchschnittliche Derb- Schaft- Baumformzahl			durchschnittliche Derb- Schaft- Baumformzahl			durchschnittliche Derb- Schaft- Baumformzahl			durchschnittliche Derb- Schaft- Baumformzahl			
Forstämter · Ellwangen und Crailsheim.															
Rev. Dettenroden.															
Eichenrain	44	18										0,231	0,486	0,751	dichte Saat, eben.
desgl.	44	16										0,287	0,490	0,724	desgl.
Reutehau	44	16										0,256	0,468	0,683	desgl.
Nassenhau	46	15										0,227	0,497	0,686	dichte Saat, N-Hang.
desgl.	46	18							0,304	0,492	0,650				Saat, N-Hang.
Wehling	46	20							0,327	0,529	0,739				Saat, fast eben.
Ruitthal	56	10	0,490	0,500	0,573										Nat. Verj., N-Hang.
Revier Ellenberg.															
Stahlhalde	43	16	0,403	0,472	0,580										Pflanzung, eben.
Grüne Wald	45	14	0,447	0,489	0,576										Pflanz., N- u. NW-Hang.
Revier Hohenberg															
Altes Schloss	57	14	0,510	0,529	0,618										Nat. Verj., fast eben.
Revier Schrezheim															
Griesholz	42	27										0,297	0,469	0,643	Nat. Verj., eben u. N-Hang.
Bergholz	48	24				0,373	0,512	0,622							Nat. Verj., SW-Hang.
Rothenbach	53	13	0,469	0,528	0,613										Nat. Verj., eben.
Rev. Mariäkappel.															
Hohenberger Schlag	41	19							0,281	0,613	0,801				Nat. Verj., fast eben.
desgl.	55	11				0,440	0,527	0,630							Nat. Verj., N-Hang.
Sichelholz	57	21				0,447	0,528	0,641							desgl.

Durchschn. I. Bonit.		67	0,460	0,502	0,592							
,, II. ,,		56	0,418	0,521	0,631							
,, III. ,,		57	0,308	0,545	0,731							
,, IV. ,,		92	0,257	0,480	0,690							

Forstamt Weingarten.

Revier Baindt.

	Alter	Stammzahl										Bemerkungen
Härtnagelswies	44	68				0,312	0,515	0,659				Nat. Verj., fast eben.
desgl.	44	110							0,337	0,536	0,751	desgl.
Schindelbacher Haag	47	25	0,461	0,482	0,598							Büschelpflanzung, eben.
Reishaufen	49	28	0,493	0,524	0,600							Nat. Verj., fast eben.
Wolfwies 2	51	24	0,462	0,478	0,628							desgl.
desgl.	51	14	0,461	0,474	0,615							desgl.
Neuwies	53	21	0,485	0,509	0,591							Nat. Verj. fast eben.
Wolfswies 1	56	16	0,468	0,483	0,616							desgl.
desgl.	56	20	0,474	0,486	0,628							desgl.
Härtnagelswies	60	15	0,479	0,486	0,583							
Durchschn. I. Bonit.		163	0,473	0,492	0,606							
,, II. ,,		68	0,312	0,515	0,659							
,, IV. ,,		110	0,337	0,536	0,751							
Gesammtdurchschn.												
I. Bonität		230	0,469	0,495	0,602							
II. ,,		124	0,368	0,518	0,646							
III. ,,		57	0,308	0,545	0,731							
IV. ,,		202	0,290	0,511	0,723							
Durchschn. all. Bonit.		613	0,359	0,517	0,675							

Normalformzahlen, bezogen auf ¹/₂₀ der Scheitelhöhe.

III. Fichten 61—80jährig.

Revier und Abtheilung	Alter Jahre	Zahl der untersuchten Stämme	I. Bonität durchschnittliche Derb- Schaft- Baum-formzahl	II. Bonität durchschnittliche Derb- Schaft- Baum-formzahl	III. Bonität durchschnittliche Derb- Schaft- Baum-formzahl	IV. Bonität durchschnittliche Derb- Schaft- Baum-formzahl	Bemerkungen
Forstämter Ellwangen und Crailsheim.							
Revier Ellenberg.							
Brandhalde . . .	62	16			0,394 0,507 0,613		Nat. Verj., N- u. S-Hang.
Stahlhalde	63	14			0,418 0,501 0,585		Nat. Verj., eben.
Kleeberg	67	18		0,460 0,507 0,582			Nat. Verj., N-Hang.
desgl.	71	13		0,450 0,531 0,607			desgl.
Revier Hohenberg.							
Altes Schloss . . .	62	17		0,460 0,496 0,576			Nat.Verj.,eben u. SHang.
Vordere Holderklinge	68	14		0,479 0,508 0,581			Nat. Verj., eben.
Tannenburg.Schlägle	70	13			0,453 0,498 0,571		desgl.
Vordere Holderklinge	76	16		0,503 0,524 0,581			Nat. Verj., N-Hang.
Hintere Holderklinge	76	11	0,510 0,520 0,580				Nat. Verj., eben.
Rev. Kapfenburg.							
Sohlhau 1	74 {	10	0,416 0,420 0,497	vom Rothwild früher geschält			Nat. Verj., eben.
		3	0,469 0,472 0,576	vom Rothwild früher nicht geschält			desgl.
Sohlhau 2	77	7	0,477 0,479 0,534				desgl.
Rev. Mariäkappel.							
Schönebürg . . .	61	22				0,371 0,511 0,646	Nat.Verj.,S-u.SW-Hang.
Winterhalde 1 . .	68	17		0,500 0,541 0,643			Nat. Verf., fast eben.
Winterhalde 8 . .	69	17		0,467 0,502 0,601			desgl. „ „
Winterhalde 2 . .	77	7	0,495 0,501 0,586				desgl. „ „
Winterhalde 7 . .	78	7	0,492 0,497 0,568				desgl. „ „

									Bemerkungen
Revier Weippertshofen.									
Stimpfacherwald . .	70	15				0,472	0,497	0,573	Nat. Verj., N-Hang.
Steinhaupt	78	10	0,500	0,507	0,583				Nat. Verj., eben.
desgl.	78	8	0,488	0,493	0,555				desgl. „
Haardt 8	79	12	0,496	0,510	0,584				desgl. „
Durchschn. I. Bonit.		75	0,484	0,491	0,562				
„ II. „		127	0,475	0,513	0,593				
„ III. „		43	0,421	0,502	0,591				
„ IV. „		22	0,372	0,511	0,646				

Forstamt Weingarten.

									Bemerkungen
Revier Baindt.									
Tannenweg 4 . . .	63	16	0,495	0,509	0,595				Nat.Verj.,S u.SW geneigt
Tannenweg 5 . . .	63	11	0,486	0,495	0,574				desgl.
Moosöhrenreute . .	63	17				0,502	0,522	0,624	Nat. Verj., eben.
Tannenweg 2 . . .	65	18				0,470	0,481	0,558	desgl.
Tannenweg 3 . . .	65	14				0,466	0,476	0,555	desgl.
Reishaufen	65	25				0,455	0,462	0,547	Nat. Verj., W-Hang.
desgl.	65	26				0,466	0,469	0,558	desgl.
Tannenberg . . .	69	11				0,492	0,501	0,580	desgl.
Hinterbannen . . .	73	19	0,475	0,477	0,568				Nat. Verj., N-Hang.
desgl. . .	73	17	0,472	0,475	0,561				desgl.
Galgenweiherbühl .	76	11	0,481	0,485	0,558				desgl.
Durchschn. I. Bonit.		74	0,482	0,488	0,571				
„ II. „		111	0,475	0,485	0,570				
Gesammtdurchschn.									
I. Bonität		149	0,483	0,489	0,566				
II. „		238	0,475	0,499	0,581				
III. „		43	0,421	0,502	0,591				
IV. „		22	0,372	0,511	0,646				
Durchschn. all. Bonit.		432	0,438	0,500	0,596				

Normalformzahlen, bezogen auf $^1/_{20}$ der Scheitelhöhe.

IV. Fichten 81—111jährig.

Revier und Abtheilung	Alter Jahre	Zahl der untersuchten Stämme	I. Bonität durchschnittliche	Derb- Schaft- Baum-	formzahl	II. Bonität durchschnittliche	Derb- Schaft- Baum-	formzahl	III. Bonität durchschnittliche	Derb- Schaft- Baum-	formzahl	IV. Bonität durchschnittliche	Derb- Schaft- Baum-	formzahl	Bemerkungen
Forstämter Ellwangen und Crailsheim.															
Revier Ellenberg.															
Grünewald	84	10	0,504	0,507	0,556										Nat. Verj., eben.
Kleeberg	94	9	0,515	0,521	0,565										desgl.
Revier Hohenberg.															
Sulzhau	81	11				0,489	0,505	0,574							desgl.
Vordere Holderklinge	89	11				0,489	0,496	0,564							desgl.
Kapuzinerschlag . .	90	10	0,503	0,507	0,566										desgl.
Hirschlesbuck . . .	101	6	0,537	0,540	0,571										Saat, eben.
Kapuzinerschlag . .	103	6	0,476	0,479	0,538										Nat. Verj., N-Hang.
Forchenplatten . .	105	12							0,461	0,472	0,561				Nat. Verj., eben.
Hirschlesbuck . . .	111	8	0,479	0,482	0,524										Saat, N-Hang.
Rev. Kapfenburg.															
Brandeck 1 . . .	83	9	0,483	0,482	0,532										Eben, nat. Verj.
Brandeck 2 . . .	83	8	0,483	0,482	0,527										desgl.
Waidschlag 2 . . .	83	7	0,489	0,492	0,550										desgl.
Waidschlag 1 . . .	87	8	0,491	0,493	0,544										desgl.
Revier Weippertshofen.															
Steinhaupt 3a . .	86	7	0,508	0,511	0,554										N-Hang, nat. Verj.
Rehhecke	98	7	0,507	0,514	0,563										S-Hang, nat. Verj.

Durchschn. I. Bonit.		95	0,498	0,501	0,549	
„ II. „		22	0,489	0,500	0,569	
„ III. „		12	0,461	0,471	0,561	

Forstamt Weingarten.

Revier Baindt.						
Schwefelbronnen 1 .	82	8	0,470	0,471	0,542	Nat. Verj., fast eben.
desgl.	82	6	0,468	0,469	0,540	desgl.
desgl.	94	11	0,475	0,476	0,561	Nat. Verj., N-Hang.
desgl.	94	14	0,479	0,479	0,567	desgl.
desgl.	96	9	0,466	0,466	0,549	Nat. Verj., S-Hang.
desgl.	96	9	0,485	0,485	0,572	desgl.
desgl.	98	6	0,481	0,483	0,557	desgl.
desgl.	98	12	0,486	0,487	0,563	desgl.
Neuwies	103	11	0,471	0,479	0,599	Nat. Verj., W-Hang.
desgl.	103	15	0,501	0,503	0,628	
Durchschn. I. Bonit.		101	0,478	0,480	0,566	
Gesammtdurchschn.						
I. Bonität . . .		196	0,488	0,490	0,557	
II. „		22	0,489	0,500	0,569	
III. „		12	0,461	0,471	0,561	
Durchschn. all. Bonit.		230	0,479	0,487	0,562	

b. Baumformzahlen.

	21—40 jähr.	41—60 jähr.	61—80 jähr.	81—111 jähr.
I. Bonität	0,647	0,602	0,566	0,557
II. „	0,710	0,646	0,581	0,569
III. „	0,737	0,731	0,591	0,561
IV. „	—	0,723	0,646	—
Durchschnitt aller Bonitäten . .	0,698	0,675	0,596	0,562.

Obgleich Pressler keine Derbformzahlen veröffentlichte, so wollen wir hier unsere erzielten Resultate der Vollständigkeit halber und aus dem Grunde doch auch folgen lassen, weil dieselben unstreitig für die forstliche Praxis von der grössten Wichtigkeit sind:

c. Derbformzahlen.

	21—40 jähr.	41—60 jähr.	61—80 jähr.	81—111 jähr.
I. Bonität	0,322	0,469	0,483	0,488
II. „	0,295	0,368	0,475	0,489
III. „	0,173	0,308	0,421	0,461
IV. „	—	0,290	0,372	—
Durchschnitt aller Bonitäten .	0,298	0,359	0,438	0,479

Die Vergleichung der Resultate unserer Untersuchungen mit denen von Pressler, welcher jedoch sein Untersuchungsmaterial nicht veröffentlichte, dürfte zunächst, d. h. bis noch vollständigeres Material vorhanden sein wird, zu folgenden Sätzen berechtigen:

1. Die Ansicht Pressler's, wonach die echten Schaft- und Baumformzahlen der Fichte[1] mit wachsendem Alter zunehmen sollen, ist irrig.

2. Dagegen nehmen die echten Baumformzahlen sowohl innerhalb der einzelnen Bonitäten, als auch des gezogenen Durchschnitts aus allen Bonitäten, mit dem wachsenden Bestandesalter entschieden ab,

---

[1] Wahrscheinlich werden sich die Formzahlen anderer Holzarten ähnlich verhalten, Resultate über die Rothbuche hoffen wir im nächsten Jahre folgen lassen zu können.

wenn auch nicht in gleich raschem Verhältniss wie die Brusthöhenformzahlen.

3. Innerhalb gleicher Altersklassen wachsen die echten Baumformzahlen mit abnehmender Bonität.

4. Die Schaftformzahlen scheinen zwar zwischen der Altersklasse 21—40 und 41—60 (vielleicht weil eine Anzahl dieser Bestände früher noch nicht ordnungsmässig durchforstet wurden) zuzunehmen, doch tritt auch hier von der Altersklasse 41—60 Jahren an und durch alle höheren Alltersklassen hindurch eine Abnahme der Formzahl, sowohl innerhalb der einzelnen Bonitäten, als auch bei dem Durchschnitt aus allen Bonitäten deutlich hervor. Bei der I. Bonität scheinen sich die Schaftformzahlen zwischen 50—111 Jahren gleich zu bleiben.

5. Die Derbformzahlen (Pressler hat keine veröffentlicht) nehmen selbstverständlich sowohl innerhalb der einzelnen Bonitäten mit dem wachsenden Bestandesalter zu und, gleiche Altersklassen vorausgesetzt, mit dem Abnehmen der Bonitäten ebenfalls ab.

Was nun die zweite Frage anlangt, ob nämlich wirklich, wie Pressler glaubt, Jung-, Mittel-, Alt- und Hochalthölzer je unter sich so nahe zusammenfallende Formzahlen haben, dass man dieselben im einzelnen Falle bei „mathematischem Bewusstsein und etwas mathematisch gebildeter Phantasie" bis auf die Einheit ansprechen könne, so gelangten wir auch in diesem Punkt zu ganz anderen Anschauungen. Wir haben die volle Ueberzeugung gewonnen, welche wir übrigens auch früher schon wiederholt anderwärts ausgesprochen haben, dass bei der Anwendung von Formzahlen nur die grosse **Durchschnittszahl** herrschen darf, d. h. dass aus grossen Durchschnittswerthen abgeleitete Formzahlen nur bei Bestandesschätzungen zuverlässige Resultate liefern, dass aber eine Klassifikation nur in Jung-, Mittel-, Alt- und Hochalthölzer lange nicht zuverlässig genug ist.

Die Meinung, man könne in allen Fällen die Formzahl des einzelnen Baumes bis auf eine Einheit genau einschätzen, ist eine ganz irrige. Zwei neben einander stehende Bäume scheinen vielleicht ganz gleiche Formzahlen zu besitzen, während dieselben bei näherer Untersuchung sehr von einander abweichen und umgekehrt. Nur die durchschnittlichen Formzahlen, aus Beständen hervorgegangen und wieder zur Schätzung ganzer Bestände angewendet, liefern zuverlässige Resultate; dagegen ist man bei der Massenermittlung einzelner Bäume vor grossen Fehlern nicht sicher.

Es können selbst in normalen Fichtenbeständen, in welchen man doch keine sehr abweichenden Baumformen vermuthen sollte, die Formzahlen bei verschiedenen Bonitäten und Altern liegen zwischen:

a. Schaftformzahlen.

	I. Bonität.	II. Bonität.	III. Bonität.
21—40jährig	0,30—0,66	0,27—0,70	—
41—60 „	0,34—0,60	0,37—0,79	0,31—0,88
61—80 „	0,40—0,59	0,35—0,67	0,36—0,61
81—111 „	0,41—0,58	0,42—0,58	—

b. Baumformzahlen.

21—40jährig	0,45—0,93	0,51—1,25	—
41—60 „	0,43—0,78	0,40—1,11	0,46—1,33
61—80 „	0,46—0,68	0,41—0,76	0,42—0,79
81—111 „	0,44—0,60	0,46—0,73	—

Dagegen betragen die durchschnittlichen Formzahl-Differenzen normaler Fichtenbestände innerhalb der einzelnen Altersklassen und Bonitäten bei

a. Schaftformzahlen.

	I. Bonität	II. Bonität	III. Bonität
21—40jährig	0,26	0,23	—
41—60 „	0,16	0,27	0,30
61—80 „	0,10	0,14	0,19
81—111 „	0,09	0,12	0,14

b. Baumformzahlen.

21—40jährig	0,31	0,43	—
41—60 „	0,30	0,38	0,55
61—80 „	0,14	0,19	0,27
81—111 „	0,12	0,15	0,19

Solchen Zahlen gegenüber erscheint das Einschätzen der echten Formzahl eines Baumes bis auf eine Einheit genau weit mehr als Zufälligkeit, denn als eine Regel. Es werden daher, so lange die Formzahluntersuchungen noch nicht ganz abgeschlossen sind, folgende Sätze als zutreffender erscheinen:

1. Die Formzahlen weichen sehr stark von einander ab, selbst wenn die Bestände gleiche Alter und Bonitäten besitzen. In einem 31jährigen Bestande II. Bonität lagen z. B. die Baumformzahlen zwischen 0,52 und 1,25. Wenn nun auch Formzahlextreme in einem Bestande nur an verhältnissmässig wenigen Stämmen vorkommen, so ist es doch unmöglich, die Formzahlen einzelner Bäume mit grosser Genauigkeit anzusprechen. Noch viel weniger kann von einer Einschätzung derselben bis auf eine oder wenige Einheiten die Rede sein, wenn man, wie Pressler lehrt, die Menge abweichender Formzahlen nur in die Klassen Jung-, Mittel-, Alt- und Hochalthölzer bringt.

2. Die Differenzen zwischen den Formzahlen eines Bestandes sind bei Baumformzahlen grösser als bei Schaftformzahlen.

3. Innerhalb ein und derselben Altersklasse nehmen die Differenzen zwischen den Baumformzahlen sowohl als zwischen den Schaftformzahlen mit abnehmender Bonität zu.

4. Innerhalb ein und derselben Bonität nehmen die Differenzen zwischen den Baumformzahlen sowohl als zwischen den Schaftformzahlen mit wachsendem Alter der Bestände ab.

5. Aus Ziffer 3 folgt, dass, die Anwendung gleicher Hilfsmittel vorausgesetzt, die Genauigkeit in der Aufnahme gleich alter Bestände mit dem Sinken der Bonität abnimmt.

6. Aus Ziffer 4 folgt, dass die Sicherheit in der Massenaufnahme der Bestände gleicher Bonität mit dem wachsenden Bestandesalter zunimmt.

7. Wenn man überhaupt, was wir jedoch für über-

flüssig und unzweckmässig halten, die Schätzung mittelst Normalformzahlen beibehalten will, so darf man sich nicht auf eine Klassifikation allein nach Altersklassen beschränken, sondern man muss neben diesen auch noch die Bonitäten berücksichtigen. Letztere werden aber, in Beständen mittlerer Schlussverhältnisse, am besten durch die Bestandeshöhe ausgedrückt und desshalb können auch Normalformzahlen die Scheitelhöhen, durch welche die Formen der Bäume in engere Grenzen geschlossen werden, nicht entbehren, im Falle man zuverlässigere Resultate wünscht.

Auf Grund der vorstehend mitgetheilten zahlreichen Formzahluntersuchungen, sowie der ebenfalls an 1536 Stämmen ermittelten mittleren Bestandeshöhen für verschiedene Bonitäten und Altersklassen, fügen wir zum Schlusse für solche, welche nach Normalformzahlen, bezogen auf $^1/_{20}$ der Scheitelhöhe, stehende Bäume kubiren wollen, nachstehende Formzahlübersicht bei.

Die in nachstehender Tabelle erwähnten Höhen sind Scheitelhöhen und beziehen sich vom Stockabschnitte bis zum äussersten Gipfel des Baumes. Die Stockhöhe beträgt nach getroffener Uebereinkunft $^1/_3$ des Stockdurchmessers. Sollte, was häufig vorkommen wird, die wirklich gemessene Baumhöhe mit keiner der vorstehenden Höhen genau übereinstimmen, sondern zwischen zwei Höhen hineinfallen, so muss natürlich auch die zwischen liegende Formzahl genommen resp. durch eine einfache Interpolation ermittelt werden. Die Baumformzahlen schliessen auch die Nadelmasse mit ein. Die Uebersicht ist am genauesten für 50- und mehrjährige Bestände I., II. und III. Bonität, während für 30—50jährige Bestände und IV. Bonitäten das zur Verfügung gestandene Material noch nicht vollständig zu ganz zuverlässigen Durchschnittszahlen genügt hat.

Fichten-Normalformzahlen.

Bonität	30-jährig		40-jährig		50-jährig		60-jährig		70-jährig		80-jährig		90-jährig		100- u. mehrjähr.	
	Höhe Meter	Form-zahl	Höhe Meter	Form-zahl	Höhe Meter	Form-zahl	Höhe Meter	Form-zahl	Höhe Meter	Form-zahl	Höhe Meter	Form-zahl	Höhe Meter	Form-zahl	Höhe Meter	Form-zahl
I. Derbholzformzahlen.																
I. Bonität . .	11,9	0,336	16,0	0,415	19,6	0,455	22,9	0,473	25,7	0,483	28,2	0,488	30,3	0,490	32,0	0,488
II. ,, . .	9,0	0,268	13,2	0,352	16,4	0,410	19,0	0,441	21,1	0,462	22,7	0,468	24,2	0,478	25,2	0,483
III. ,, . .	5,8	0,190	9,5	0,275	12,4	0,345	14,5	0,390	16,3	0,420	17,0	0,443	18,4	0,460	19,0	0,478
IV. ,, . .	4,5	0,110	7,0	0,202	9,2	0,284	10,8	0,338	12,0	0,382	13,0	0,418	13,8	0,440	14,6	0,470
II. Baumformzahlen.																
I. Bonität . .	11,9	0,660	16,0	0,621	19,6	0,600	22,9	0,580	25,7	0,570	28,2	0,561	30,3	0,554	32,0	0,547
II. ,, . .	9,0	0,711	13,2	0,672	16,4	0,640	19,0	0,610	21,1	0,588	22,7	0,583	24,2	0,562	25,2	0,552
III. ,, . .	5,8	0,762	9,5	0,720	12,4	0,688	14,5	0,650	16,3	0,616	17,0	0,593	18,4	0,572	19,0	0,556
IV. ,, . .	4,5	0,816	7,0	0,770	9,2	0,723	10,8	0,682	12,0	0,643	13,0	0,611	13,8	0,586	14,6	0,560

II. Die Brusthöhenformzahlen der Fichte.

Unsere Untersuchungen über die Normalformzahlen der Fichte haben ergeben, dass dieselben nicht, wie seither angenommen wurde, mit wachsendem Alter zunehmen, sondern kleiner werden. Auch haben wir uns überzeugt, dass nicht Normalformzahlen, sondern Brusthöhenformzahlen, für Zwecke der Bestandesschätzung, unbedingt den Vorzug verdienen. Wir glauben daher unsern geehrten Fachgenossen um so mehr einen Dienst zu erweisen, wenn wir nachstehend auch unsere allerdings noch nicht ganz abgeschlossenen und für schlechte Bonitäten noch fortzusetzenden Untersuchungen über Brusthöhenformzahlen der Fichte einstweilen mittheilen, als die „Derbholzformzahlen" die ersten sind, welche bis jetzt veröffentlicht wurden, und als gerade diese in allen möglichen Fällen taxatorischer Praxis besonders verwendungsfähig sind. Neben den Derbholzformzahlen fügen wir jedoch auch die Baum- und Schaftformzahlen in dem Seite 66 angegebenen Sinne bei.

Die Schaftformzahlen beziehen sich auf die ganze Schaftmasse vom Stockabschnitt bis zur äussersten Spitze des Baumes, enthalten also gar kein Astholz. Sie haben für taxatorische Zwecke wenig praktischen Werth, wurden aber dennoch berechnet, weil sie immerhin theoretisches Interesse bieten und in Zukunft vielleicht noch einmal nützlich werden können.

Die Stock- und Wurzelholzmasse blieb bei allen Formzahlermittelungen ausgeschlossen. Die Stockhöhe beträgt nach den Vereinbarungen zwischen den deutschen Versuchsanstalten $\frac{1}{3}$ des Stockdurchmessers an der Abschnittsfläche. Das Reisholz schliesst die an den Zweigen befindlichen Nadeln mit ein. Die Brusthöhenformzahlen wurden, wie die bereits veröffentlichten Normalformzahlen, in 99 verschiedenen Probeflächen in Fichtenbeständen vier verschiedener Bonitäten und der verschiedensten Alter, unter Voraussetzung mittlerer Schlussverhältnisse und normaler Bestockung, an 1536 Stämmen der Forstämter Weingarten, Crailsheim und Ellwangen ermittelt. Die im Forstamte Weingarten (Oberschwaben) gefundenen durchschnittlichen Formzahlen wichen — gleiche Höhen und Alter der Bestände vorausgesetzt — von denen in den Forstämtern Ellwangen und Crailsheim so wenig ab, dass sich für die Praxis gesondert aufgestellte Formzahlübersichten nicht rechtfertigen, wodurch die Sache wesentlich vereinfacht wird. Im Ganzen wurden untersucht:

$$\begin{array}{llll}
\text{im Alter von } 21\text{—}40 \text{ Jahren} &=& 301 & \text{Stämme} \\
\text{,,} \quad \text{,,} \quad \text{,,} \quad 41\text{—}60 \quad \text{,,} &=& 585 & \text{,,} \\
\text{,,} \quad \text{,,} \quad \text{,,} \quad 61\text{—}80 \quad \text{,,} &=& 447 & \text{,,} \\
\text{,,} \quad \text{,,} \quad \text{,,} \quad 81\text{—}110 \quad \text{,,} &=& 230 & \text{,,} \\
\end{array}$$

Zusammen $= 1563$ Stämme.

Sämmtliche Aufnahmen besorgte der Assistent an der hiesigen Versuchsanstalt Dr. Bühler nach einem sorgfältig durchberathenen gemeinschaftlichen Arbeitsplane, ganz in der Seite 67 bei den Normalformzahlen geschilderten Weise. Die Verarbeitung des reichen Materials besorgten wir jedoch selbst.

Nachdem die Formzahlen berechnet waren, handelte es sich zunächst darum, dieselben so zu gruppiren, dass sie am besten taxatorischen Zwecken dienen, und auch in einfacher Weise zu Studien der die Form der Bäume vorzugsweise bestimmenden Verhältnisse verwendet werden können. Wir legten uns daher die Frage vor, ob es wohl zweckmässig sei, die neuen Formzahlen nach den alten König'schen Formklassen zu gruppiren, welche noch immer in Ansehen stehen, gelangten aber bald zur Ueberzeugung, dass die Charakterisirung derselben viel zu unbestimmt und zu wenig handgreiflich sei, als dass man darauf eine für die forstliche Praxis so bedeutungsvolle Lehre bauen könne.

König hat bekanntlich bei seinen Formzahlen für jede Holzart fünf Klassen angenommen:

I. Klasse. Stämme mehr gedrängt in die Höhe getrieben, mit dem wenigsten und schwächsten Astholze, der spitzigsten Krone und einem abfälligen Schaft. Auch solche, die räumlicher stehen, zwischen schnellwachsenden Holzarten oder zwischen Oberbäumen; zumal auf dürftigem Boden, von Stockausschlag oder aus früherem zu lichten Stande.

II. Klasse. Stämme in mässigem Schluss erwachsen, gehörig beastet, stumpfer in der Krone, hoch und vollschaftig, besonders auf kräftigem Boden und mehr vom Samenanwuchse. Auch solche in räumlichem Stande, theils auf dürftigem Boden, theils von Ausschlag.

III. Klasse. Stämme, die längere Zeit ganz räumlich gestanden haben, mit stärkerer Astverbreitung, gewölbter Krone und vollem Schafte, besonders auf kräftigem Boden. Auch dürftig im freien Stande erwachsen.

IV. Klasse. Frei erwachsen, mit vielem starkem Astholze, breiter Krone und kürzerem Schafte, besonders auf nicht zu geringem Standorte.

V. Klasse. Im einzelnen Stande, mit der stärksten Astverbreitung, der breitesten Krone und dem kürzesten Schafte.

Unter keiner Klasse sind nach König die Nadelholzzweige (bis zu welcher Stärke?) mitbegriffen. Die vollformigsten Nadelhölzer gehören der IV. Klasse an, es besteht daher für dieselben gar keine V. Klasse mit Astholz.

Ferner sind nach König die Formzahlen noch abhängig von der Scheitelhöhe, mit deren Wachsen naturgemäss Erstere abnehmen müssen. König schätzt daher zunächst den Bestand in eine seiner Formklassen ein und wendet dann die der letzteren und der mittleren Scheitelhöhe entsprechende Formzahl an. Da die richtige Bestimmung der Scheitelhöhe eines Bestandes mittelst des Höhenmessers keinen Schwierigkeiten unterliegt, so ist das Resultat der Schätzung nach König vorzugsweise von der richtigen Wahl der Formklasse abhängig. Nun aber sind die König'schen Formklassen sehr dehnbar und einer sehr individuellen Beurtheilung fähig, so dass es gefährlich erscheint, auf solch schwankende Unterlagen bessere Taxationsarbeiten zu stützen, ganz abgesehen davon, dass die Formzahlen Königs selbst die deutlichsten Zeichen nicht nur ganz willkürlicher, sondern auch sehr umfassender Interpolationen an sich tragen, wie sich solches durch einen Blick auf unsere beigefügten Formzahlkurven im Gegensatz zu den geraden Linien sofort ergiebt, welche nach König den Verlauf der Formzahlen darstellen sollen. (Siehe Tafel VII.)

Nach den hiesigen Untersuchungen bieten die Vorschriften, welche König zur Beurtheilung der Formklasse, in welche ein Baum oder Bestand einzureihen ist, nur sehr unvollkommene Anhalte. Wo beginnt z. B. die spitzigste, die spitzige, die stumpfe, die gewölbte, die breite und breiteste Krone? Was ist die Grenze zwischen schwacher, stärkerer und stärkster Astverbreitung und welcher Unterschied besteht zwischen gehöriger Beastung, stärkerer Astverbreitung und vielem und breitem Astholze? Auch ist es nach unsern vielfachen Beobachtungen ganz unmöglich, einem Baume nach dem blossen Augenmasse anzusehen, ob er einen abfälligen, vollen oder sehr vollen Schaft hat. Zum Beweise, wie sehr die Brusthöhenformzahlen von auf 0,25 Hektar zusammengedrängten Bäumen selbst in Normalbeständen von einander abweichen können, wollen wir nur wenige Fälle anführen. Es lagen die Baumformzahlen der einzelnen Bäume

einer 24 Jahre alten Probefläche zwischen 0,61 bis 1,03

„	44	„	„	„	„	0,62	„	1,06
„	56	„	„	„	„	0,52	„	0,64
„	63	„	„	„	„	0,53	„	0,97
„	71	„	„	„	„	0,52	„	0,85
„	84	„	„	„	„	0,48	„	0,61
„	94	„	„	„	„	0,44	„	0,66
„	111	„	„	„	„	0,39	„	0,57.

Die Formzahlen eines einzigen kleinen Bestandes bewegen sich daher in allen König'schen Formklassen, in welche soll nun der Bestand von dem Taxator eingeschätzt werden?

Ebenso weichen die Astholzmengen der einzelnen Bäume selbst normaler Bestände oft sehr beträchtlich von einander ab, und zieht man bei der Bestimmung der Formklassen endlich mit König noch den Grad des Lichtstandes, die Bodenverhältnisse, die Entstehungsart etc. des Bestandes herein, so stösst man auf Verwicklungen jeglicher Art und in kaum zu lösende Widersprüche.

Dies auch die Gründe, warum wir die hier ermittelten Formzahlen in anderer Weise zusammenstellten. Wir gruppirten dieselben nämlich nach Alters- und Höhenklassen, indem wir hierbei von der Wahrnehmung geleitet wurden, dass in mittleren Schlussverhältnissen erwachsene gleich hohe und nahezu gleich alte Bäume, auch nahe zusammenliegende Formzahlen haben. Diese Gruppirung schliesst nämlich in gewissem Sinne auch die Standortsgüte ein, indem die Bestandeshöhe, wie bereits früher auseinandergesetzt wurde, namentlich in von Jugend auf ordnungsmässig durchforsteten Beständen der sicherste Massstab für die Beurtheilung der Standortsgüte ist. Denkt man sich nämlich z. B. verschiedene ungleichalterige, aber gleichhohe Bestände, so wird, mittlere Schlussverhältnisse vorausgesetzt (und unsere meisten Bestände wachsen ja jetzt in solchen) jedenfalls der jüngere Bestand unter den günstigsten Standortsverhältnissen erwachsen sein und auch künftig einen stärkeren Zuwachs erwarten lassen und umgekehrt.

Was die Frage betrifft, ob bei gleich hohen und gleich alten Bäumen die Stärke derselben in Brusthöhe einen Einfluss auf die Formzahl ausübt, so wollen wir dieselbe zwar noch nicht mit voller Bestimmtheit entscheiden, doch scheint uns solches nach den von uns angestellten Untersuchungen nicht der Fall zu sein. Die Formzahlen wuchsen nämlich bald mit zunehmender Stärke der Bäume, bald nahmen sie wieder ab. Trotz aller Mühe, die wir uns gaben, eine Gesetzmässigkeit in dieser Richtung zu finden, waren wir es doch nicht im Stande, und so nehmen wir zunächst an, dass bei in mittleren Schlussverhältnissen erwachsenen gleich hohen und gleich alten Bäumen die Stärke derselben bedeutungslos für die Formzahl ist. Zur endgültigen Entscheidung dieser Frage gehört jedoch die Untersuchung einer weit grösseren Anzahl von Stämmen als diejenige ist, welche uns bis jetzt noch zur Verfügung steht.

In den nachstehenden Uebersichten haben wir die an 1563 Stämmen ermittelten Derb-, Schaft und Baumformzahlen in die

Altersklassen 21—40 jährig

„   41—60   „

„   61—80   „   und

„   81—110   „   gebracht.

Um jedoch zu ersehen, ob eine Altersdifferenz von nur 10

Jahren einen beachtenswerthen Einfluss auf die Formzahl ausübt, sind die Altersklassen auch von 10 zu 10 Jahren ausgeschieden und dann erst die Durchschnitte von 20 zu 20 Jahren gezogen worden. Die Höhen steigen in den Uebersichten von 3 zu 3 Meter an, wir erhielten so genauere Durchschnitte aus einer grösseren Stammzahl.

Die den einzelnen Höhen, in Abstufungen von Meter zu Meter, entsprechenden Formzahlen ergeben sich dann richtiger durch graphische Interpolation, wie solches aus der beigefügten lithographirten Tafel VII. ersichtlich ist.

Wir lassen nun die einzelnen Uebersichten mit dem Bemerken folgen, dass die beigefügten Formzahlen die Durchschnitte aus der überall angegebenen Anzahl der untersuchten Stämme sind.

Altersklasse 21—40 Jahre.

Scheitelhöhe in Metern.	Alter Jahre	Anzahl der untersuchten Stämme	Derb-	Schaft-	Baum-
			Durchschnittliche		
			formzahl		
5—6—7	21—30	36	0,163	0,564	0,911
desgl.	31—40	26	0,256	0,596	0,929
durchschnittlich		62	0,208	0,580	0,919
8—9—10	21—30	46	0,299	0,515	0,799
desgl.	31—40	73	0,304	0,578	0,805
durchschnittlich		119	0,302	0,546	0,802
11—12—13	21—30	15	0,422	0,500	0,731
desgl.	31—40	79	0,364	0,579	0,734
durchschnittlich		94	0,379	0,539	0,732
14—15—16	21—30	—	—	—	—
desgl.	31—40	13	0,478	0,556	0,656
durchschnittlich		13	0,478	0,556	0,656
17—18—19	21—30	—	—	—	—
desgl.	31—40	13	0,470	0,500	0,580
durchschnittlich		13	0,470	0,500	0,580

Anmerkung. Ueber 19 Meter hohe erst 20—40 Jahre alte Bäume kommen wohl nirgends vor, wesshalb die Uebersicht mit 17—19 Meter Scheitelhöhe abbricht.

Altersklasse 41—60 Jahre.

Scheitelhöhe in Metern.	Alter Jahre	Anzahl der unter- suchten Stämme	Durchschnittliche		
			Derb-	Schaft-	Baum-
			formzahl		
5—6—7	41—50	126	0,152	0,645	0,840
desgl.	51—60	—	—	—	—
durchschnittlich		126	0,152	0,645	0,840
8—9—10	41—50	125	0,236	0,575	0,756
desgl.	51—60	5	0,338	0,676	0,852
durchschnittlich		130	0,240	0,579	0,760
11—12—13	41—50	64	0,414	0,536	0,708
desgl.	51—60	11	0,479	0,618	0,733
durchschnittlich		75	0,424	0,528	0,712
14—15—16	41—50	40	0,473	0,515	0,633
desgl.	51—60	18	0,488	0,546	0,676
durchschnittlich		58	0,478	0,524	0,647
17—18—19	41—50	39	0,497	0,520	0,621
desgl.	51—60	52	0,488	0,511	0,631
durchschnittlich		91	0,492	0,515	0,627
20—21—22	41—50	23	0,491	0,500	0,618
desgl.	51—60	53	0,501	0,511	0,627
durchschnittlich		76	0,498	0,505	0,624
23—24—25	41—50	1	0,503	0,506	0,583
desgl.	51—60	25	0,480	0,484	0,606
durchschnittlich		26	0,479	0,485	0,605
26—27—28	41—50	—	—	—	—
desgl.	51—60	3	0,491	0,493	0,559
durchschnittlich		3	0,491	0,493	0,559

Anmerkung. Ueber 28 Meter hohe und erst 60 Jahre alte Bäume kommen nicht oder nur selten vor.

Altersklasse 61—80 Jahre.

Scheitelhöhe in Metern	Alter Jahre	Anzahl der untersuchten Stämme	Durchschnitiliche		
			Derb-	Schaft-	Baum-
			formzahl		
5—6—7	61—70	2	0,171	0,691	0,856
desgl.	71—80	—	—	—	—
durchschnittlich		2	0,171	0,691	0,856
8—9—10	61—70	17	0,302	0,592	0,735
desgl.	71—80	—	—	—	—
durchschnittlich		17	0,302	0,592	0,735
11—12—13	61—70	24	0,450	0,561	0,681
desgl.	71—80	2	0,242	0,638	0,759
durchschnittlich		26	0,434	0,567	0,687
14—15—16	61—70	43	0,486	0,544	0,635
desgl.	71—80	5	0,448	0,514	0,596
durchschnittlich		48	0,482	0,540	0,631
17—18—19	61—70	57	0,503	0,542	0,615
desgl.	71—80	12	0,512	0,542	0,618
durchschnittlich		69	0,505	0,542	0,615
20—21—22	61—70	86	0,491	0,499	0,587
desgl.	71—80	21	0,506	0,519	0,587
durchschnittlich		107	0,494	0,503	0,587
23—24—25	61—70	52	0,480	0,484	0,566
desgl.	71—80	33	0,477	0,482	0,535
durchschnittlich		85	0,479	0,483	0,554
26—27—28	61—70	15	0,474	0,476	0,557
desgl.	71—80	44	0,462	0,465	0,547
durchschnittlich		59	0,465	0,470	0,549
29—30—31	61—70	1	0,425	0,426	0,472
desgl.	71—80	27	0,483	0,466	0,541
durchschnittlich		28	0,481	0,464	0,539
32—33—34	61—70	—	—	—	—
desgl.	71—80	6	0,436	0,443	0,507
durchschnittlich		6	0,436	0,443	0,507

Altersklasse 81—110 und mehr Jahre.

Scheitelhöhe in Metern.	Alter Jahre	Anzahl der untersuchten Stämme	Durchschnittliche Derb-	Schaft-	Baum-
			formzahl		
14—15—16	81—90	2	0,498	0,559	0,632
desgl.	91—100	—	—	—	—
desgl.	101—110	3	0,437	0,467	0,557
durchschnittlich		5	0,461	0,503	0,587
17—18—19	81—90	2	0,511	0,519	0,640
desgl.	91—100	—	—	—	—
desgl.	101—110	4	0,483	0,491	0,588
durchschnittlich		6	0,492	0,500	0,605
20—21—22	81—90	5	0,475	0,488	0,553
desgl.	91—100	2	0,531	0,563	0,597
desgl.	101—110	5	0,441	0,442	0,535
durchschnittlich		12	0,470	0,481	0,553
23—24—25	81—90	13	0,506	0,512	0,574
desgl.	91—100	—	—	—	—
desgl.	101—110	2	0,442	0,446	0,488
desgl.	111—120	1	0,486	0,494	0,573
durchschnittlich		16	0,498	0,503	0,564
26—27—28	81—90	29	0,467	0,467	0,518
desgl.	91—100	5	0,486	0,497	0,547
desgl.	101—110	9	0,498	0,500	0,610
durchschnittlich		43	0,475	0,478	0,540
29—30—31	81—90	28	0,450	0,443	0,493
desgl.	91—100	28	0,467	0,468	0,538
desgl.	101—110	11	0,477	0,468	0,579
desgl.	111—120	4	0,412	0,415	0,444
durchschnittlich		71	0,459	0,455	0,521
32—33—34	81—90	14	0,442	0,443	0,493
desgl.	91—100	30	0,445	0,445	0,520
desgl.	101—110	9	0,449	0,452	0,554
desgl.	111—120	3	0,431	0,432	0,469
durchschnittlich		56	0,445	0,445	0,516
35—36—37	81—90	2	0,459	0,460	0,518
desgl.	91—100	12	0,411	0,414	0,476
desgl.	101—110	7	0,457	0,423	0,528
durchschnittlich		21	0,424	0,421	0,489

Aus vorstehenden Formzahlübersichten wurden nun die in der beigefügten Tafel VII. enthaltenen Formzahlkurven konstruirt. Trägt man nämlich auf eine horizontale Linie die Scheitelhöhen in beliebigen gleichen Abständen von Meter zu Meter auf, errichtet ferner in den einzelnen Punkten senkrechte Linien und überträgt auf dieselben nach irgend einem Massstabe die den einzelnen Scheitelhöhen und Altersklassen entsprechenden durchschnittlichen Formzahlen, so geben die so erhaltenen Punkte einen klaren Einblick darüber, wie sich die Formzahlen in den verschiedenen Lebensaltern und bei verschiedenen Scheitelhöhen verändern. Die mit den Ziffern 1 versehenen Punkte bezeichnen die zu der Altersklasse 21—40 Jahre gehörigen durchschnittlichen Formzahlen. Ebenso drücken die Ziffern 2 die Altersklasse 41—60, die Ziffern 3 diejenige von 61—80 und die Ziffern 4 die von 81 und mehr Jahren aus. Würde man nun die mit gleichen Ziffern bezeichneten Punkte durch gerade Linien mit einander verbinden, so erhielte man die den wirklichen Aufnahmen entsprechenden Formzahllinien. Da aber nicht allen Scheitelhöhen eine gleiche Anzahl Stämme zu Grunde gelegt werden konnte, in einzelnen Fällen vielmehr die Durchschnitte aus einer noch zu geringen Stammzahl berechnet werden mussten, so stellen auch nicht alle aufgetragenen Formzahlen die ganz richtigen Durchschnitte dar, und desshalb wurden, wie diess bei allen aus grossen Zahlen hervorgehenden ähnlichen Untersuchungen üblich und bis zu einer gewissen Grenze statthaft ist, hie und da kleine Verrückungen, resp. Korrektionen vorgenommen, um der Wahrheit möglichst nahe zu kommen. Es wurde mit andern Worten die goldne Mittelstrasse gewählt. Auf diese Art entstanden die verschiedenen Formzahlkurven, welche zwar in den meisten Fällen mit den wirklich gefundenen Grössen zusammenfallen, hin und wieder aber auch bald etwas unter, bald etwas über den aufgetragenen Punkten sich hindurch winden.

Damit aber der geehrte Leser selbst zu beurtheilen im Stande ist, wie viel nach dieser Ausgleichungsmethode die wirklich gefundenen Werthe theilweise verrückt werden mussten, um den gesetzmässigen durchschnittlichen Gang der Formveränderung der Fichte zur klaren Anschauung zu bringen, liessen wir auf der Zeichnung, neben den Kurvenlinien, auch noch die aufgetragenen Punkte. Ein Blick auf die Tafel genügt, um sich von der Thatsache zu überzeugen, dass die Verschiebungen jetzt schon keineswegs beträchtlich sind, diese werden aber um so mehr zum Verschwinden kommen müssen, aus einer je grösseren Anzahl Stämmen und Beständen die Durchschnitte gezogen werden. Desshalb betrachten wir auch die gegenwärtige Arbeit noch keineswegs als vollkommen; bessere Resultate werden aller Wahrscheinlichkeit nach noch erzielt, nachdem die einzelnen forstlichen Versuchsanstalten Deutschlands ihr Material zusammengestellt und gemeinschaftlich bearbeitet haben werden.

Jedenfalls dürfte aber das uns vorliegende Material jetzt schon genügen, die Formveränderungen der Fichte. im Allgemeinen nachzuweisen, wie wir auch der lebhaften Ueberzeugung sind, dass der Praktiker mit den nachfolgenden Formzahlübersichten bessere Resultate erzielen wird, als mit allen bis jetzt veröffentlichten Brusthöhenformzahlen der Fichte. Wenigstens gelangten wir bei den König'schen Formzahlen, welche bis jetzt noch in grossem Ansehen standen, zu der Ansicht, dass dieselben weit mehr künstlich gemacht, als der Wirklichkeit des Waldes entnommen wurden.

Um nämlich dem geehrten Leser einen Einblick zu gestatten, wie nach König die Formzahlen der Fichten sich ändern sollen, haben wir dessen Baumformzahlen ebenfalls in Tafel VII. eingezeichnet. Die oberen gekrümmten und von links nach rechts absteigenden Linien drücken nämlich unsere Baumformzahlen aus, dann folgen die König'schen strichpunktirten geraden Formzahllinien. Die untere erst von links nach rechts steigende und dann wieder fallende krumme Linie drückt endlich unsere durchschnittlichen Derbformzahlen der Fichte aus. Die Schaftformzahlen haben wir, um die Zeichnung nicht mit Linien zu überladen und weil sie auch zu taxatorischen Zwecken für den Praktiker durch die Derbformzahlen entbehrlich geworden sind, nicht bildlich dargestellt. Fassen wir die Ergebnisse der vorstehenden Formzahlübersichten, in Verbindung mit den zur Darstellung gebrachten Formzahlkurven, zusammen, so gelangen wir vorläufig zu folgenden Resultaten:

A. Bezüglich der Baumformzahlen.

1. Die Brusthöhen-Baumformzahlen nehmen, wie solches auch seither schon angenommen wurde, mit wachsender Scheitelhöhe ab.

2. Diese Abnahme ist aber keineswegs eine gleichmässige, der wachsenden Scheitelhöhe umgekehrt proportionale, sondern sie ist etwa zur Zeit des grössten Längezuwachses der Bäume am grössten. (Vergleiche die einzelnen Formzahlkurven Tafel VII.)

Es lassen sich für diese Erscheinung wohl zwei Gründe aufführen. Einmal rückt mit wachsender Scheitelhöhe der Messpunkt verhältnissmässig tiefer, der Inhalt der Idealwalze wird dadurch grösser und die Formzahl kleiner, weil der Bauminhalt nicht in gleichem Verhältnisse zunimmt. Sodann scheint uns aber auch seither der Umstand übersehen worden zu sein, dass gerade in der Zeit des grössten Längezuwachses die Baumhöhe oft in einem 1—300mal grösseren Verhältniss als der Brusthöhendurchmesser zunimmt. Wir haben eine 15jährige Fichte vor uns, deren Brustdurchmesser im letzten Jahre um 0,003 m, deren Höhe aber um 0,6 m zunahm. Hier übertrifft also der Höhenzuwachs den Stärkezuwachs um das Zweihundertfache. Ein solcher Schaft hat alle Mühe, die Form des gemeinen Kegels auszufüllen und es kann sogar, wenn man sich nämlich von den beiden Enden des Brustdurchmessers nach der äussersten Spitze des stark verlängerten Gipfeltriebs zwei gerade Linien gezogen denkt, nach oben eine Verbreiterung des Jahrrings stattfinden, ohne dass die Schaftform die des gemeinen Kegels zu überschreiten braucht. Ein Baum nämlich scheint für das Auge oft sehr vollformig, weil er viel höher als ein anderer ist, der denselben Grunddurchmesser mit ihm hat und doch kann er vielleicht die Formzahl des gemeinen

Kegels kaum übersteigen. Man denke sich zwei Stämme von der stereometrischen Form des gemeinen Kegels, beide mit dem Grunddurchmesser n, der eine besitze die Scheitelhöhe h, der andere 2 h, so wird der Baum von der halben Höhe bei h schon in eine Spitze auslaufen, während der doppelt so hohe hier noch einen Ablass von $\frac{n}{2}$ besitzt, der hohe Baum hat also, technisch betrachtet, als Nutzholz einen weit höheren Werth, obgleich er auch nur die Form des gemeinen Kegels besitzt. Man darf desshalb daraus, dass niedrige Bäume eine höhere Brusthöhenformzahl besitzen, nicht den Schluss ziehen, dieselben seien desshalb als Nutzholz technisch verwerthbarer, im Gegentheil, längere Bäume haben einen höheren technischen Werth, weil sie in einer gewissen Höhe über dem Boden bei gleicher Grundstärke noch einen grösseren Durchmesser (Ablass) haben, trotzdem sie eine kleinere Formzahl besitzen.

3. Die König'schen Baumformzahlen sind mit grosser Vorsicht aufzunehmen, sie tragen das Gepräge willkürlicher und ausgedehnter Interpolationen sehr deutlich an sich. So ist es z. B. unmöglich, dass, wie König lehrt, die Formzahlen, sogar aller Formklassen, mit wachsender Scheitelhöhe ganz gleichmässig abnehmen sollen. Es ist ferner ganz undenkbar, dass z. B. eine 5 Meter hohe Fichte der ersten König'schen Formklasse nur die mittlere Baumformzahl 0,557 besitzen soll. Nach den hiesigen Untersuchungen besitzt eine 6 Meter hohe Fichte bei einem Alter von 21 bis 40 Jahren die durchschnittliche Formzahl 0,92, bei einer solchen von 41—60 Jahren die Baumformzahl 0,84.

Offenbar hat König nur haubare und nahe haubare Bestände mittlerer Höhe in Bezug auf ihre Form näher untersucht und aus den hier gefundenen Formzahlen auf diejenigen niedrigerer (jüngerer) und höherer (älterer) Bestände geschlossen, sonst könnte er unmöglich auf eine Abnahme der Formzahlen nach den Gesetzen einer arithmetischen Reihe erster Ordnung, d. h.

auf eine gerade Linie gekommen sein. Wenn man trotzdem mit den König'schen Formzahlen befriedigende Resultate erhalten haben mag, so erklärt sich dies wohl daraus, dass dieselben meist nur auf haubare und nahe haubare Bestände mittlerer Höhe angewendet wurden, welche in der Praxis am meisten vorkommen. Für solche Fälle stimmen auch unsere Formzahlen am besten mit den König'schen überein.

4. **Unter Voraussetzung mittlerer Schlussverhältnisse nehmen die Formzahlen gleich hoher Bestände mit wachsendem Alter ab.** Bei 12 Meter Scheitelhöhe haben z. B.

$$21\text{—}40\text{jährige Bestände die Formzahl} = 0{,}73$$
$$41\text{—}60 \quad „ \qquad „ \quad „ \quad „ \quad = 0{,}71$$
$$61\text{—}80 \quad „ \qquad „ \quad „ \quad „ \quad = 0{,}69.$$

Bei verhältnissmässig sehr hohen 21—40jährigen Beständen scheinen allerdings die Formzahlen auch unter diejenigen älterer Bestände herabsinken zu können, jedoch mussten die Durchschnitte von 15—18 Meter hohen Beständen aus einer zu geringen Stammzahl (13) gerechnet werden, so dass wir diese Frage noch als eine offene betrachten wollen.

5. **Die Formzahlen jüngerer Bestände nehmen in einem viel rascheren Verhältnisse als bei älteren ab.**

6. **Nachdem das Hauptlängewachsthum der Bäume abgeschlossen ist, scheinen überhaupt die Baumformzahlen nicht mehr von dem Alter, sondern nur noch von der Höhe abzuhängen.** Bei Bestandeshöhen von 25 und mehr Metern fallen nämlich die mittleren Formzahlen verschiedener Altersklassen schon so nahe zusammen, dass es fraglich erscheint, ob sich von da an überhaupt noch die Ausscheidung besonderer Altersklassen empfiehlt (vergleiche die beigefügte Tafel VII.).

7. **Die obern und untern Grenzen der Baumformzahlen liegen in jüngeren Beständen viel weiter aus einander und rücken mit wachsendem Besandesalter näher zusammen;** es wird daher auch bei Anwendung gleicher Hilfsmittel die Genauigkeit der Massenauf-

nahme der Bestände mit wachsendem Alter zunehmen und umgekehrt.

B. Bezüglich der Derbholzformzahlen:

1. Die Derbholzformzahlen sind bei allen Bäumen, welche 1,3 Meter vom Boden weniger als 7 Centimeter haben, gleich Null, schon bei Bestandeshöhen von 5—6 Meter beginnen sie aber rasch zu steigen, sie erreichen ihr Maximum bei Scheitelhöhen zwischen 20 und 24 Meter und nehmen von da an wieder ganz langsam ab, ohne jemals wieder auf Null herabsinken zu können, weil die höchsten Fichten in Deutschland nur eine Länge von 40 bis 45 Meter erreichen und die ausgeglichene mittlere Derbformzahl bei 40 Meter Höhe immer noch 0,42 beträgt.

2. Die Derbformzahlen scheinen bei Beständen mittleren Schlusses nur eine Funktion der Höhe zu sein, wesshalb wir auch nur eine Formzahlkurve aufgestellt haben, welche die Mittelwerthe aller Altersklassen enthält.

Der Versuch, für jede der anfänglich ausgeschiedenen Altersklassen eine besondere Kurve zu konstruiren, ist nicht geglückt. Die durchschnittlichen Derbformzahlen der einzelnen Altersklassen wichen innerhalb gleicher Scheitelhöhen nicht nur sehr wenig von einander ab, sondern es waren auch die Ersteren in den jüngeren Beständen bald kleiner, bald wieder grösser als in älteren Beständen, in einzelnen Fällen fielen sie ganz zusammen.

Damit der geehrte Leser den Zusammenhang der Derbformzahlen bei gleichen Höhen aber verschiedenen Altern der Bestände auch in bildlicher Darstellung zu beurtheilen im Stande ist, haben wir die durchschnittlichen Formzahlen in gleicher Weise wie bei den Baumformzahlen aufgetragen und bezeichnet. Die mit 1 bezeichneten Punkte gehören der Altersklasse 21 bis 40, die mit 2, 3 und 4 bezeichneten je den Altersklassen 41 bis

60, 61—80 und 81 und mehr Jahren an. Die Kurve läuft in der Mitte zwischen den einzelnen Punkten durch und gestalten sich daher die Derbformzahlen sehr einfach (Tafel VII.).

3. Schon bei Scheitelhöhen von ca. 27 Meter an laufen die Derb- und Baumformzahlen fast parallel, Beweis, dass sich die Reisholzformzahlen, welche sich aus der Differenz zwischen Baum- und Derbformzahlen ergeben, von da an konstant bleiben, was auch mit den wirklichen Reisholzaufnahmen übereinstimmt, welche einen nahezu gleichen Procentsatz lieferten.

Ob die vorstehenden Sätze nicht noch einige Modifikationen erleiden werden, wenn man die Durchschnitte später aus einer grösseren Stammzahl berechnet, wollen wir dahin gestellt sein lassen. Uebrigens ist die Zahl von 1563 Stämmen desshalb schon eine verhältnissmässig grosse, weil dieselben aus allen möglichen Altersklassen entnommen wurden und desshalb keine weit auseinander liegenden Zwischenglieder eingeschaltet zu werden brauchten. Es hat z. B. wenig Werth in einem einzigen gleichalterigen Bestande an Tausenden von Stämmen die Formzahlen zu ermitteln. Man erhält so zwar eine gute durchschnittliche Formzahl für den einzelnen Bestand, kann aber aus solchem Material nicht die Gesetze der Formveränderung der Bestände in den verschiedenen Lebensaltern ableiten. So hätte man auch in Bayern gelegentlich der Sammlung des Materials für die Aufstellung von Massentafeln noch besseres geleistet, wenn dasselbe gleichmässiger durch alle Bestandesalter und Bonitäten vertheilt aufgenommen worden wäre. Man würde mit weniger Stämmen bessere Resultate erzielt haben.

Gerade desshalb glauben wir auch, dass die an hiesiger Versuchsanstalt ermittelten Formzahlen für Fichten, obgleich wir sie noch nicht als abgeschlossen betrachten, besseres leisten, als alle bis jetzt veröffentlichten ähnlichen Formzahlenübersichten, ganz abgesehen davon, dass Derbholzformzahlen im erwähnten Sinne seither ganz fehlten. Dieser Umstand veranlasst uns denn auch, nachstehend unsere durchschnittlichen Formzahlen noch in einer Weise zusammenzustellen, wie sie von Seiten der Taxatoren für Zwecke der Bestandesschätzung am leichtesten angewendet werden können. Dass man bei der Schätzung einzelner Bäume mit durchschnittlichen Formzahlen nicht immer richtige, sondern bald etwas zu hohe, bald etwas zu niedrige Resultate erhalten muss, liegt eben im Begriff der Durchschnittszahl.

I. Durchschnittliche Derbholzformzahlen für Fichten.
(Messpunkt 1,3 Meter vom Boden.)

Scheitel-höhe Meter	Form-zahl	Scheitel-höhe Meter	Form-zahl	Scheitel-höhe Meter	Form-zahl	Scheitel-höhe Meter	Form-zahl
6	0,172	15	0,468	24	0,485	33	0,458
7	0,220	16	0,478	25	0,484	34	0,452
8	0,264	17	0,480	26	0,482	35	0,448
9	0,305	18	0,481	27	0,480	36	0,442
10	0,341	19	0,483	28	0,477	37	0,440
11	0,376	20	0,487	29	0,473	38	0,436
12	0,413	21	0,487	30	0,470	39	0,429
13	0,438	22	0,487	31	0,466	40	0,420
14	0,454	23	0,486	32	0,461	41	0,414

Anleitung zum Gebrauch vorstehender Tafeln. Wie erwähnt, sind die Derbformzahlen der Fichte nur abhängig von der Scheitelhöhe. Vorstehende Tafel kann daher für Bestände der verschiedensten Alter angewendet werden. Wollte man nun die Derbholzmasse eines Fichtenbestandes (oberirdische Holzmasse excl. Reisholz bis mit 7 Centim. und weniger Durchmesser) ermitteln, so wäre derselbe zunächst bei 1,3 Meter über dem Boden in Abstufungen der Durchmesser von 2 zu 2 Centim. zu kluppiren. Hierauf wäre die mittlere Höhe des Bestandes in der Art zu ermitteln, dass man etwa an 5—10 oder noch mehr mittelhohen Stämmen die Scheitelhöhe mittelst des Faustmann'schen Höhenmessers bestimmte und aus den Messungen die Mittelhöhe berechnete (Scheitelhöhe = Höhe vom Stockabschnitt bis zur äussersten Spitze). Durch Multiplikation der

Kreisflächensumme des Bestandes G mit der mittleren Bestandeshöhe H und der dieser entsprechenden und aus der Tabelle zu entnehmenden Formzahl f ergibt sich dann die Derbholzmasse

$$M = G. H. f.$$

Die Kreisflächensumme des Bestandes 1,3 Meter über dem Boden wird am schnellsten und sichersten mittelst der Kreisflächentafeln für Metermass von Seckendorff, Eberts, oder mittelst des „Holzrechners" von Ganghofer ermittelt.

Beispiel: Angenommen, in einem Bestande (oder auf einer Probefläche) wären mittelst stammweiser Aufnahme gefunden worden:

67	Stämme von	26	Centim.	Durchm.
98	„	„ 28	„	„
150	„	„ 30	„	„
280	„	„ 32	„	„
330	„	„ 34	„	„
210	„	„ 36	„	„
160	„	„ 38	„	„
89	„	„ 40	„	„

so haben diese sämmtlichen Stämme nach den v. Seckendorff'schen Tafeln, welche die Kreisflächensumme fertig berechnet für 1—100 Stämme enthalten, folgende Kreisflächensummen ausgedrückt in Quadratmetern:

67	Stämme von	26	Centim.	=	3,557	Quadratmeter
98	„	„ 28	„	=	6,034	„
150	„	„ 30	„	=	10,600	„
280	„	„ 32	„	=	22,520	„
330	„	„ 34	„	=	29,960	„
210	„	„ 36	„	=	21,380	„
160	„	„ 38	„	=	18,150	„
89	„	„ 40	„	=	11,184	„

Summe = 123,385 Quadratmeter.

Wurde nun die mittlere Bestandeshöhe 30 Meter gefunden, so entspricht dieser nach vorstehender Uebersicht die Formzahl 0,47 und die Holzmasse M des Bestandes wäre

$$M = 123{,}385 \times 30 \times 0{,}47 = 1739{,}7 \text{ Festmeter.}$$

Es ist Werth darauf zu legen, die mittlere Bestandeshöhe vorzugsweise durch Messung mittelhoher Bäume abzuleiten, weil diese in allen gleichalterigen und schon früher ordnungs-mässig durchforsteten Beständen stets in überwiegender Mehr-heit vertreten sind.

Kommen in einem Bestande sehr abweichende Höhen vor, dann müssen unter Umständen in demselben 2 oder 3 Höhen-klassen ausgeschieden werden. Die Holzmasse M ergibt sich dann in ganz ähnlicher Weise, nur muss die Kreisflächensumme der Stämme jeder Höhenklasse K, K^1, K^2 . . ., sowie die mitt-lere Höhe H, H^1, H^2 . . ., jeder Klasse ermittelt und die jeder der letzteren entsprechende Formzahl f, f^1, f^2 . . . angewendet werden, und es wäre dann

$$M = K.H.f. + K^1. H^1. f^1. + K^2. H^2. f^2.$$

(Vergleiche hierüber des Verfassers Lehrbuch der Holzmess-kunst. Zweite Auflage. Wien 1875).

II. Durchschnittliche Baumformzahlen für Fichten.

(Messpunkt 1,3 Meter vom Boden.)

Scheitel-höhe Meter	Formzahlen				Scheitel-höhe Meter	Formzahlen			
	21–40 jährig	41–60 jährig	61–80 jährig	81 u. mehr-jährig		21–40 jährig	41–60 jährig	61–80 jährig	81 u. mehr-jährig
5	0,950	—	—	—	23	—	0,592	0,572	0,557
6	0,915	0,840	—	—	24	—	0,581	0,565	0,550
7	0,877	0,813	—	—	25	—	0,572	0,560	0,545
8	0,840	0,790	—	—	26	—	0,563	0,553	0,541
9	0,805	0,765	0,740	—	27	—	0,558	0,546	0,535
10	0,776	0,746	0,720	—	28	—	0,547	0,540	0,528
11	0,750	0,728	0,703	—	29	—	0,542	0,536	0,525
12	0,722	0,712	0,686	0,641	30	—	0,536	0,528	0,518
13	0,700	0,695	0,672	0,630	31	—	—	0,525	0,515
14	0,675	0,682	0,660	0,620	32	—	—	0,520	0,510
15	0,658	0,671	0,647	0,611	33	—	—	0,515	0,508
16	0,631	0,660	0,636	0,603	34	—	—	0,510	0,500
17	0,613	0,647	0,624	0,594	35	—	—	0,504	0,494
18	0,594	0,636	0,614	0,587	36	—	—	0,497	0,492
19	—	0,626	0,605	0,580	37	—	—	0,493	0,490
20	—	0,616	0,595	0,573	38	—	—	0,490	0,488
21	—	0,608	0,586	0,567	39	—	—	0,486	0,483
22	—	0,598	0,579	0,561	40	—	—	0,478	0,475

Einer besondern Gebrauchsanweisung zur vorstehenden Formzahlübersicht bedarf es nicht. Man braucht zur Ermittlung der gesammten oberirdischen Holzmasse eines Bestandes dieselben Faktoren wie bei der Bestimmung der Derbholzmasse, nur muss auch noch das Alter des Bestandes in den Grenzen von 20 zu 20 Jahren angegeben werden, weil die Formzahl des Baumes neben der Scheitelhöhe auch noch von dem Alter abhängig ist. Wäre z. B. der Bestand zwischen 61 und 80 Jahre alt und im Mittel 28 Meter hoch, so würde er die Formzahl 0,54 besitzen.

Wir empfehlen vorstehende Derbholz- und Baumformzahlen unsern Fachgenossen vorzugsweise zu Holzmassenbestimmungen der Bestände, statt der seither in Anwendung gekommenen Formzahlen und Massentafeln, und zwar so lange, als durch den Verein deutscher forstlicher Versuchsanstalten noch nicht genauere und vervollständigte Formzahlübersichten veröffentlicht sein werden.

Innerhalb eines Jahres hoffen wir in der Lage zu sein, unsern Fachgenossen ähnliche Formzahlen für die Rothbuche mittheilen zu können.

Inhalt.

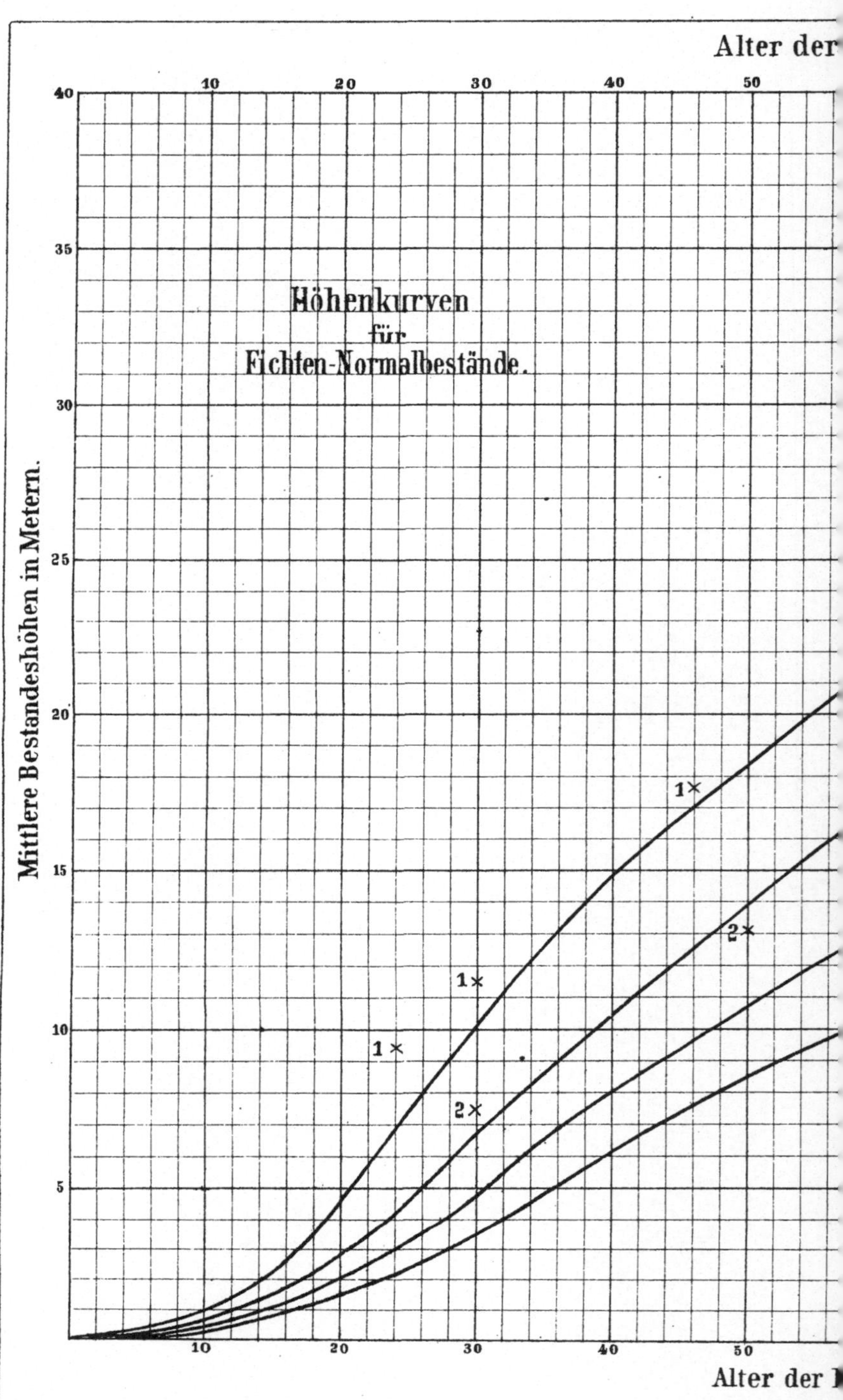

Alter der
Höhenkurven
für
Fichten-Normalbestände.
Mittlere Bestandeshöhen in Metern.
40
35
30
25
20
15
10
5
10
20
30
40
50
1×
2×
Alter der
Lit. G. Ebenhusen, Stuttgart.

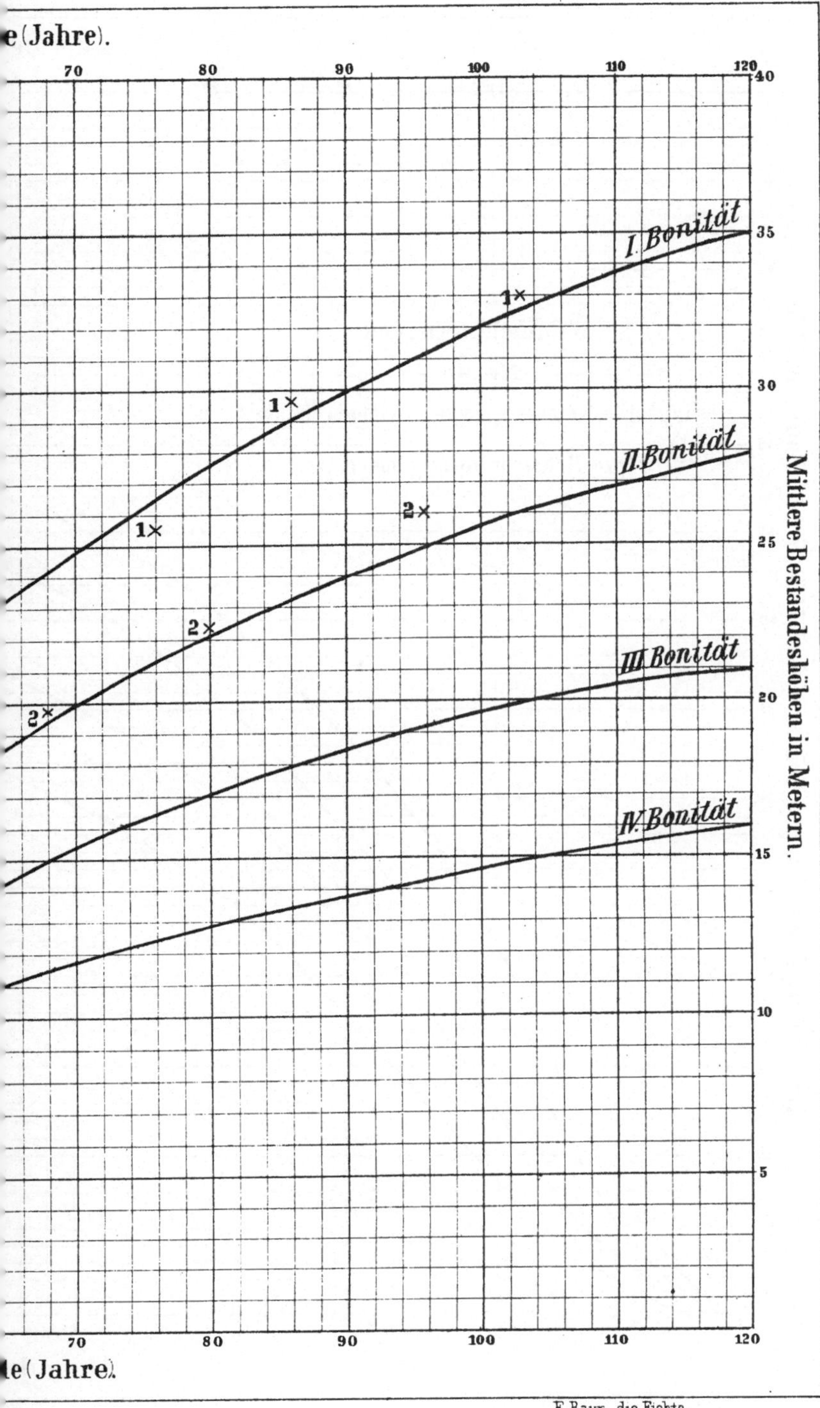
e (Jahre).
70   80   90   100   110   120
40
35
30
25
20
15
10
5
I. Bonität
II. Bonität
III. Bonität
IV. Bonität
Mittlere Bestandeshöhen in Metern.
70   80   90   100   110   120
e (Jahre).

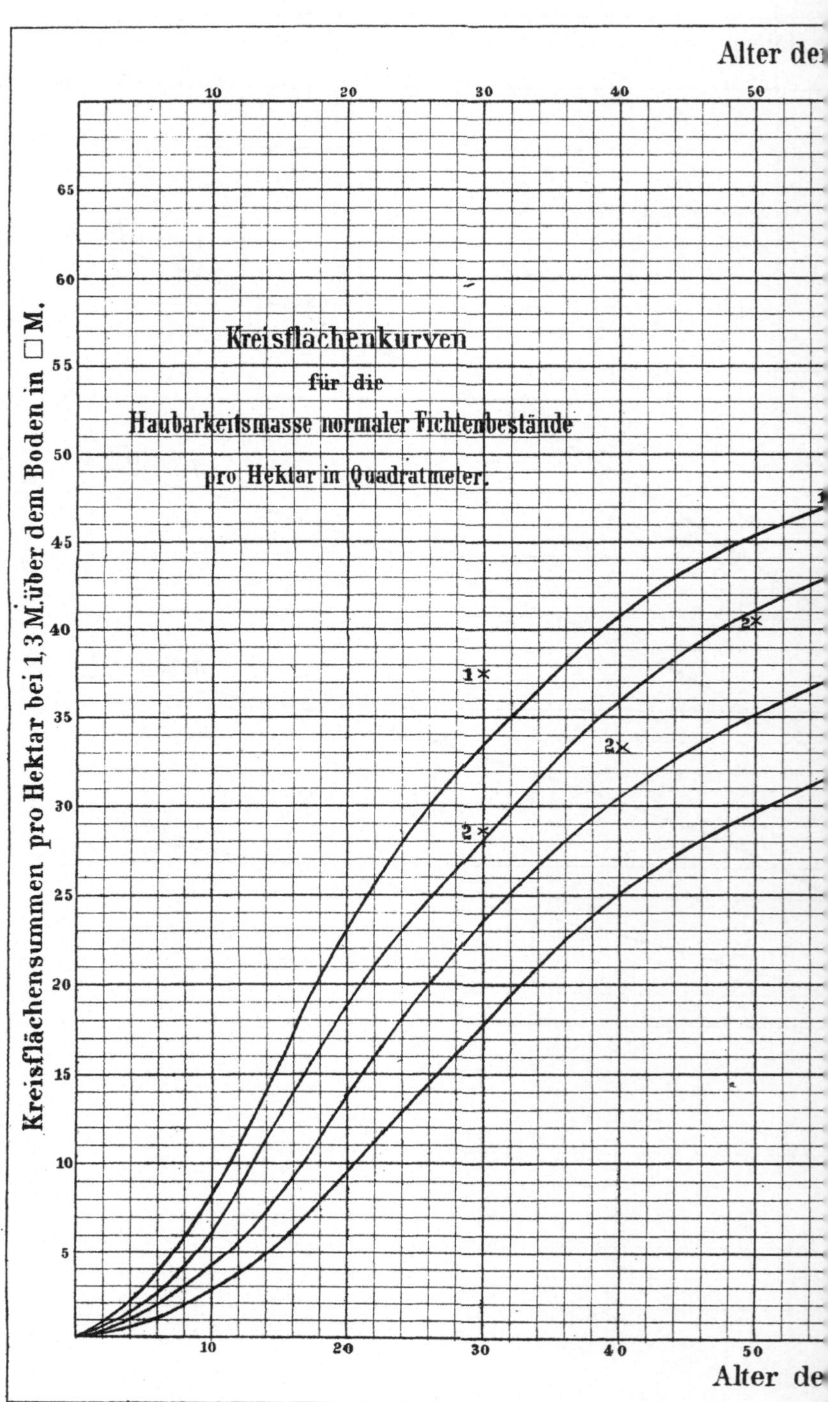

Alter der
Kreisflächenkurven
für die
Haubarkeitsmasse normaler Fichtenbestände
pro Hektar in Quadratmeter.
Kreisflächensummen pro Hektar bei 1,3 M.über dem Boden in □ M.
1✕
2✕
2✕
2✕
10
20
30
40
50
65
60
55
50
45
40
35
30
25
20
15
10
5
Alter de
Lit. G.Ebenhusen, Stuttgart.

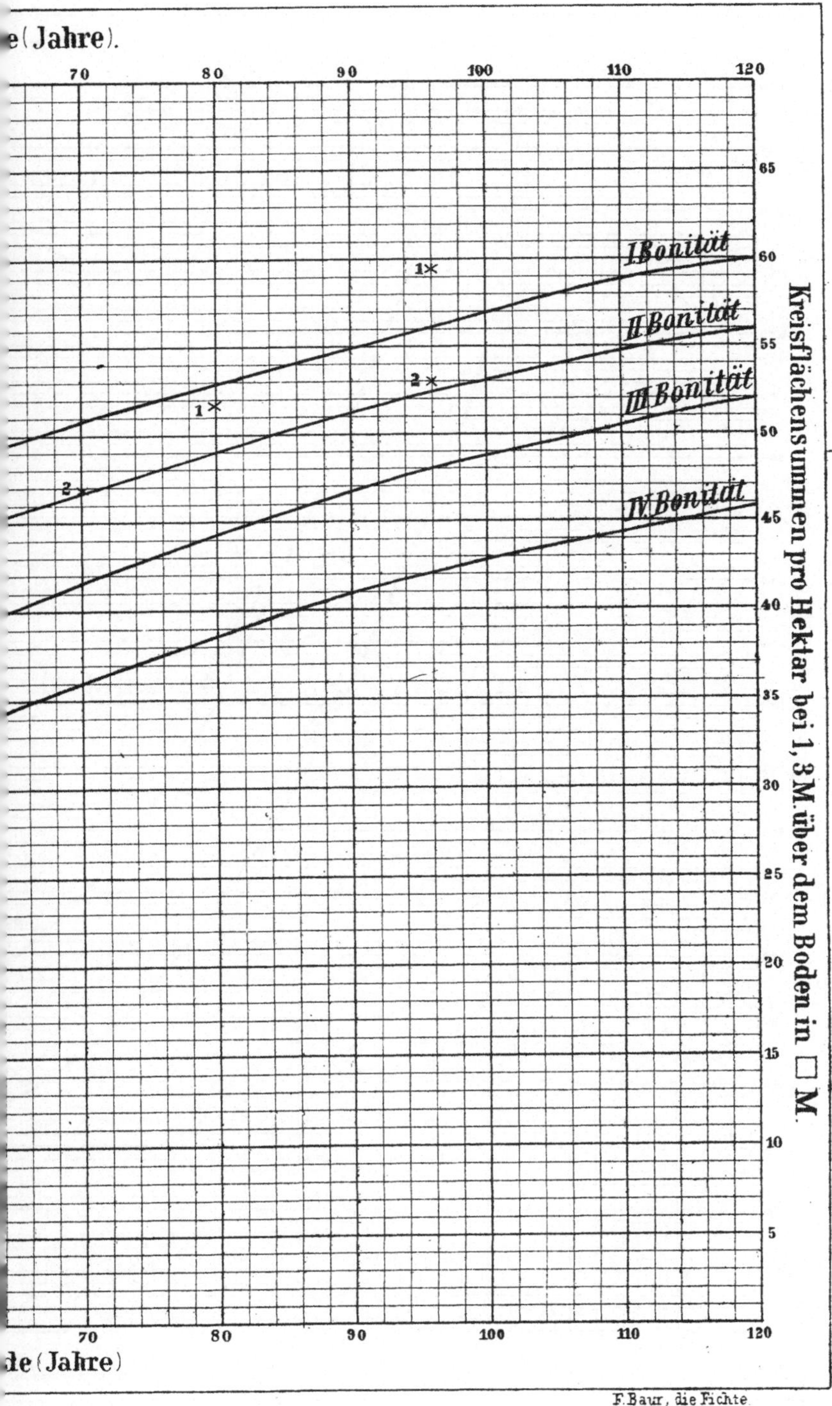
e (Jahre).
70 80 90 100 110 120
65
I. Bonität
60
1×
II. Bonität
55
2×
III. Bonität
50
1×
IV. Bonität
45
2
40
35
30
25
20
15
10
5
Kreisflächensummen pro Hektar bei 1,3 M. über dem Boden in □ M.
70 80 90 100 110 120
e (Jahre)

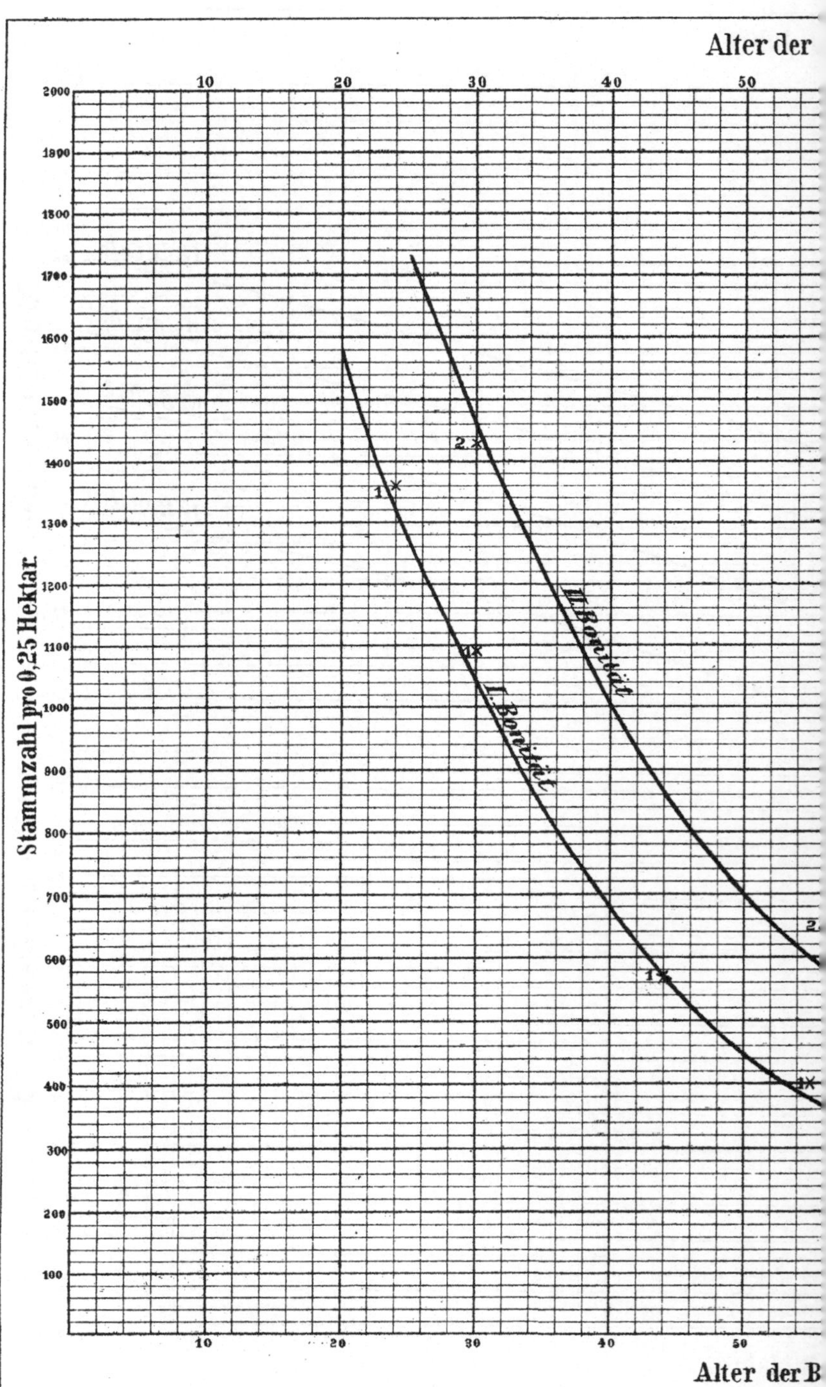

Alter der
10
20
30
40
50
2000
1900
1800
1700
1600
1500
1400
1300
1200
1100
1000
900
800
700
600
500
400
300
200
100
Stammzahl pro 0,25 Hektar.
2.*
1*
1*
II. Bonität
I. Bonität
2
1*
1*
10
20
30
40
50
Alter der B
Lit. G. Ebenhusen, Stuttgart

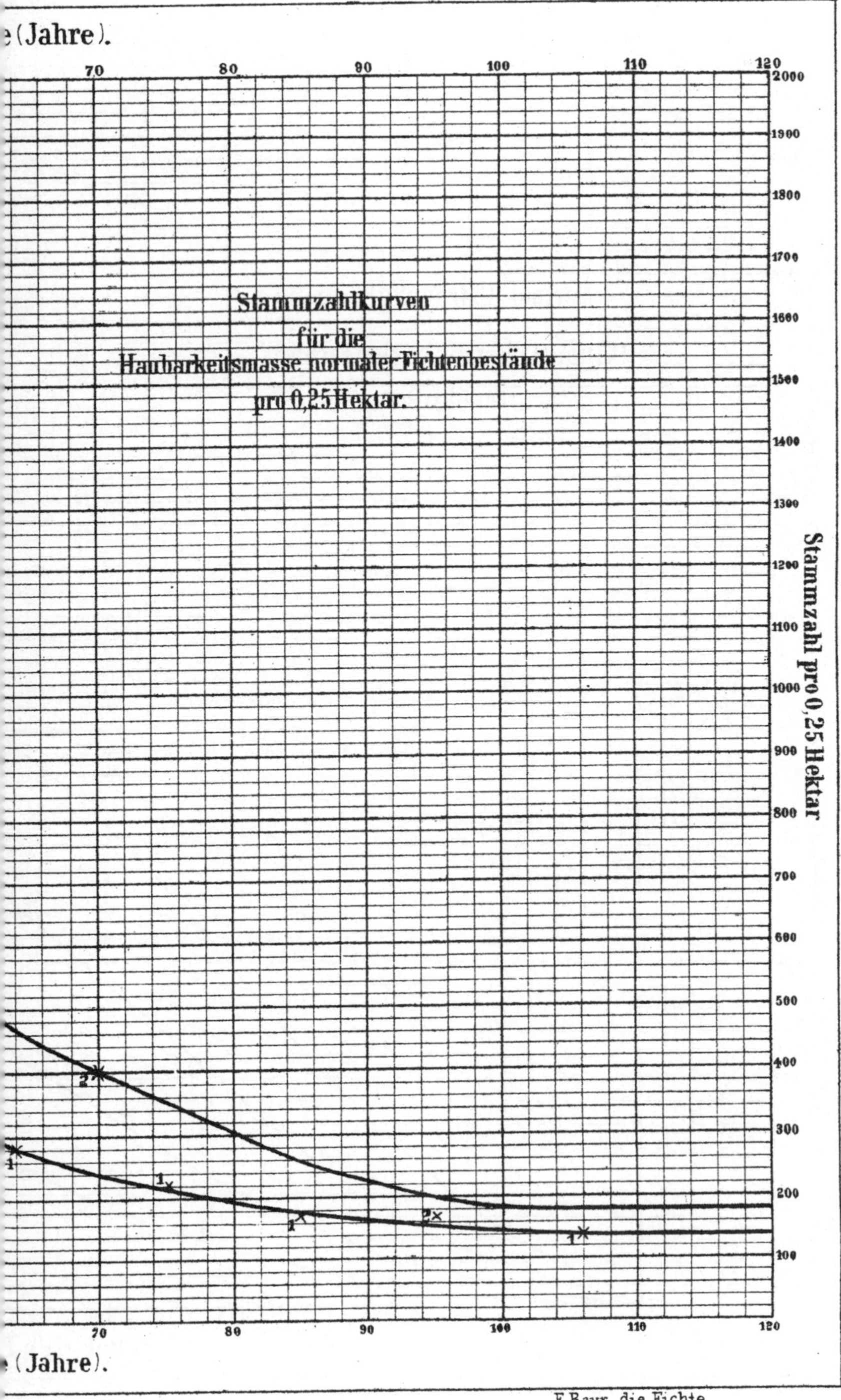
(Jahre).
70   80   90   100   110   120
2000
1900
1800
1700
1600
1500
1400
1300
1200
1100
1000
900
800
700
600
500
400
300
200
100
Stammzahlkurven
für die
Haubarkeitsmasse normaler Fichtenbestände
pro 0,25 Hektar.
Stammzahl pro 0,25 Hektar
(Jahre).
70   80   90   100   110   120

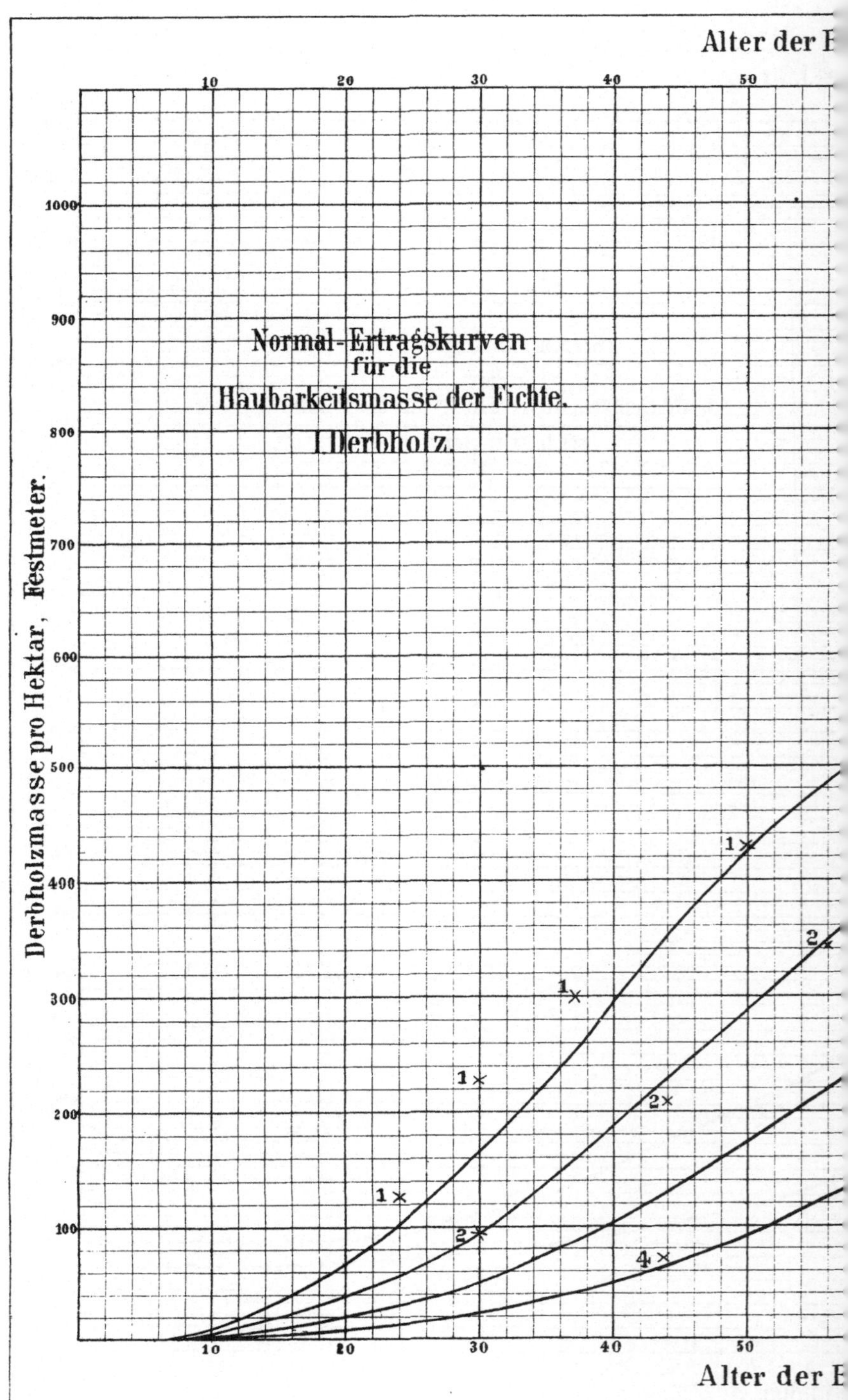

Alter der F
10
20
30
40
50
1000
900
Normal-Ertragskurven
für die
Haubarkeitsmasse der Fichte.
I. Derbholz.
800
700
Derbholzmasse pro Hektar, Festmeter.
600
500
400
300
200
100
1
1
1
1
1
2
2
2
4
10
20
30
40
50
Alter der F
Lit. G. Ebenhusen, Stuttgart.

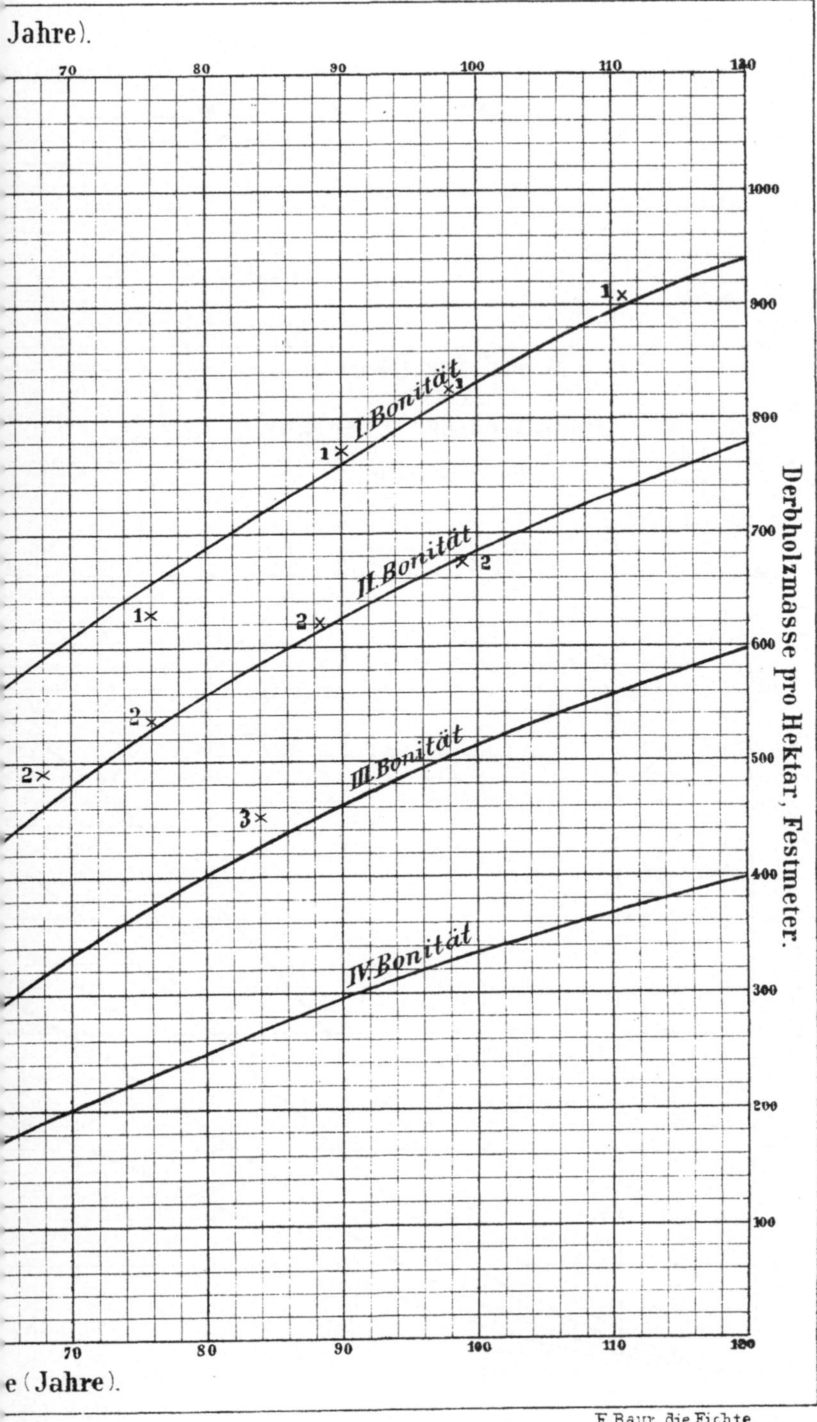
Jahre).
70   80   90   100   110   120
1000
900
800
700
600
500
400
300
200
100
Derbholzmasse pro Hektar, Festmeter.
1 ×
1 × I. Bonität
× 1
1 ×
II. Bonität
× 2
1 ×
2 ×
2 ×
III. Bonität
2 ×
3 ×
IV. Bonität
70   80   90   100   110   120
e (Jahre).
F. Baur, die Fichte.

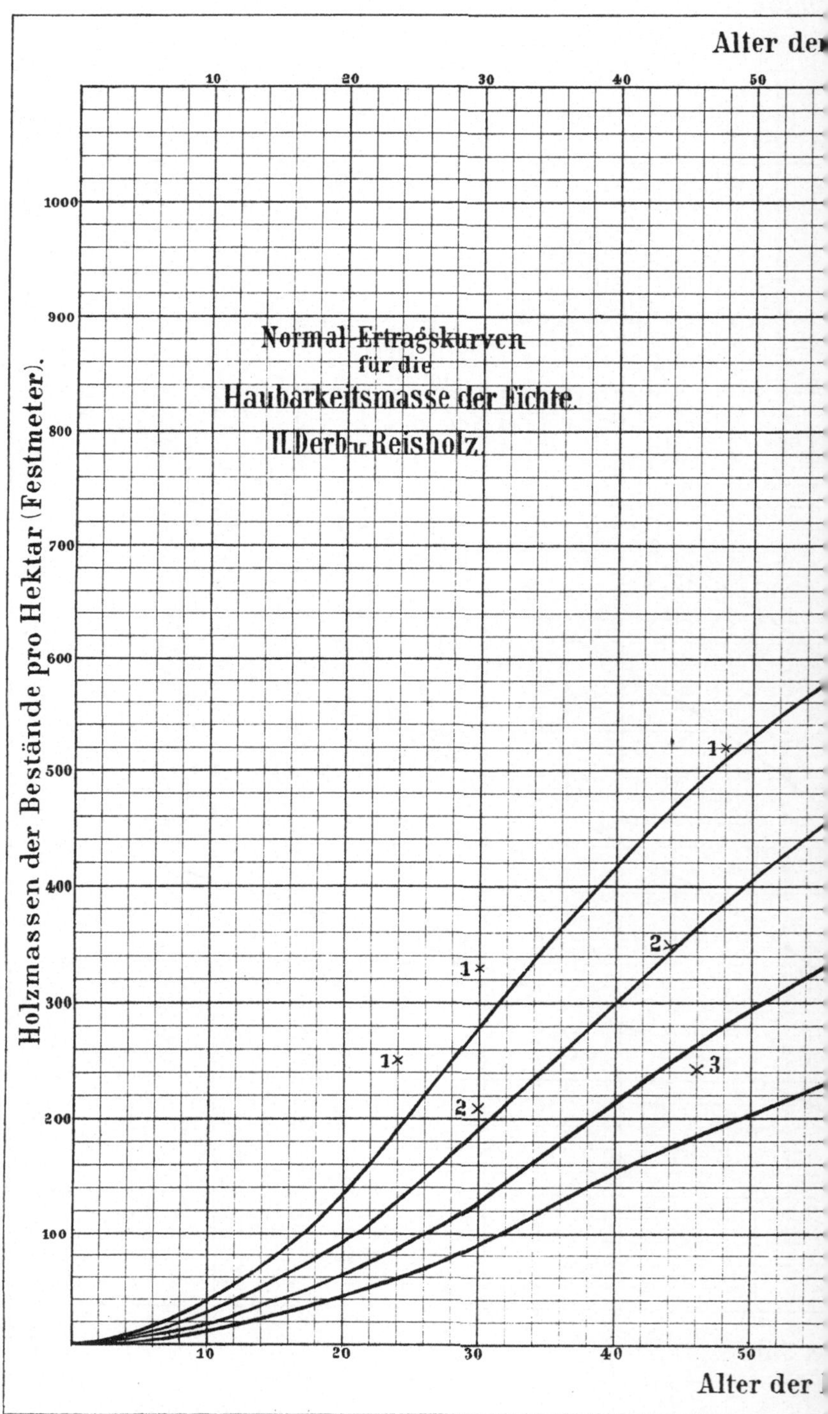

Alter der
Holzmassen der Bestände pro Hektar (Festmeter).
10
20
30
40
50
Normal-Ertragskurven
für die
Haubarkeitsmasse der Fichte.
II.Derb-u.Reisholz.
1000
900
800
700
600
500
400
300
200
100
1*
1*
1*
2*
3
10
20
30
40
50
Alter der
Lit. C.Ebenhusen, Stuttgart.

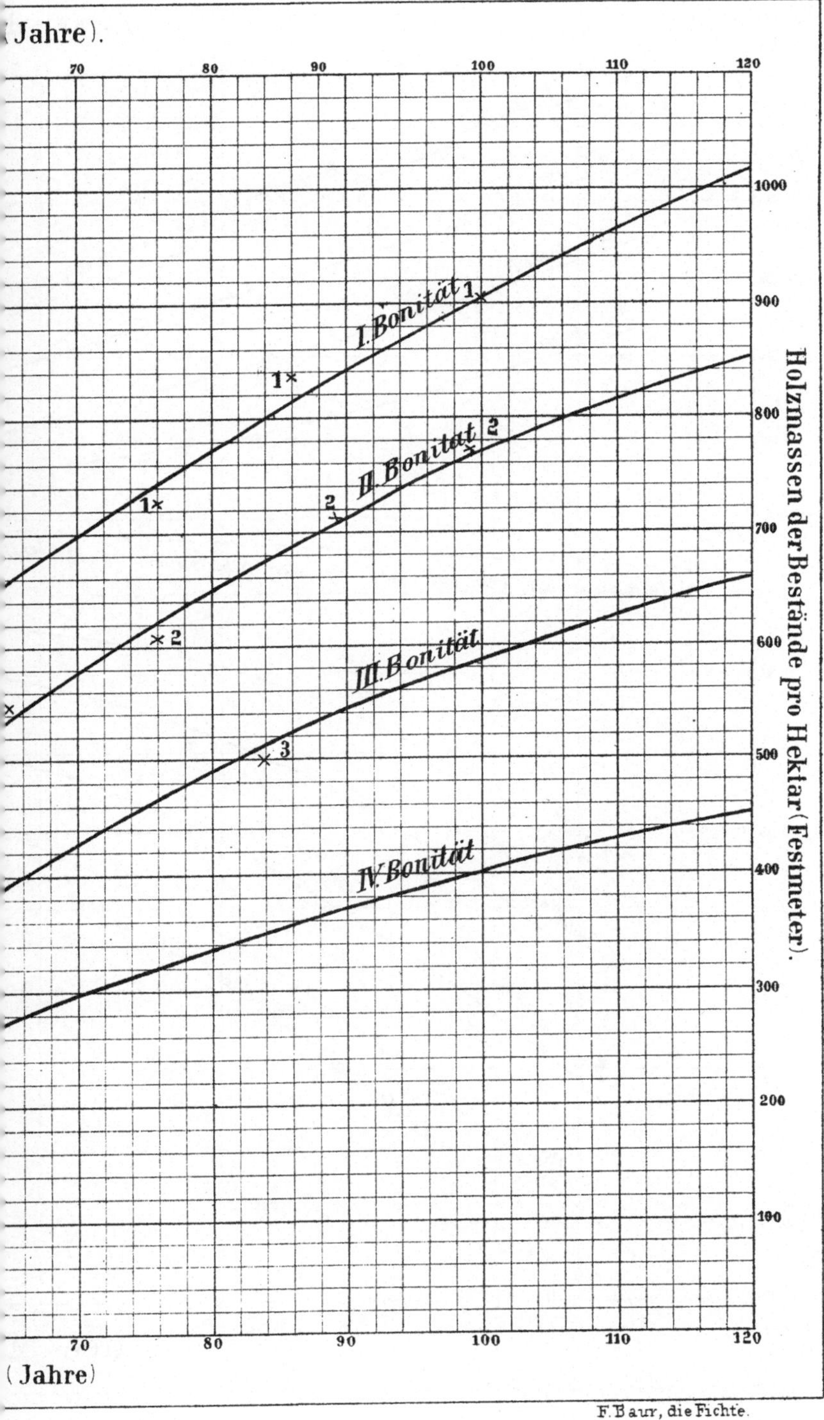
(Jahre).
70 80 90 100 110 120
1000
900
I. Bonität 1
1
II. Bonität 2
2
III. Bonität
IV. Bonität
1
1
2
3
800
700
600
500
400
300
200
100
Holzmassen der Bestände pro Hektar (Festmeter).
70 80 90 100 110 120
(Jahre)

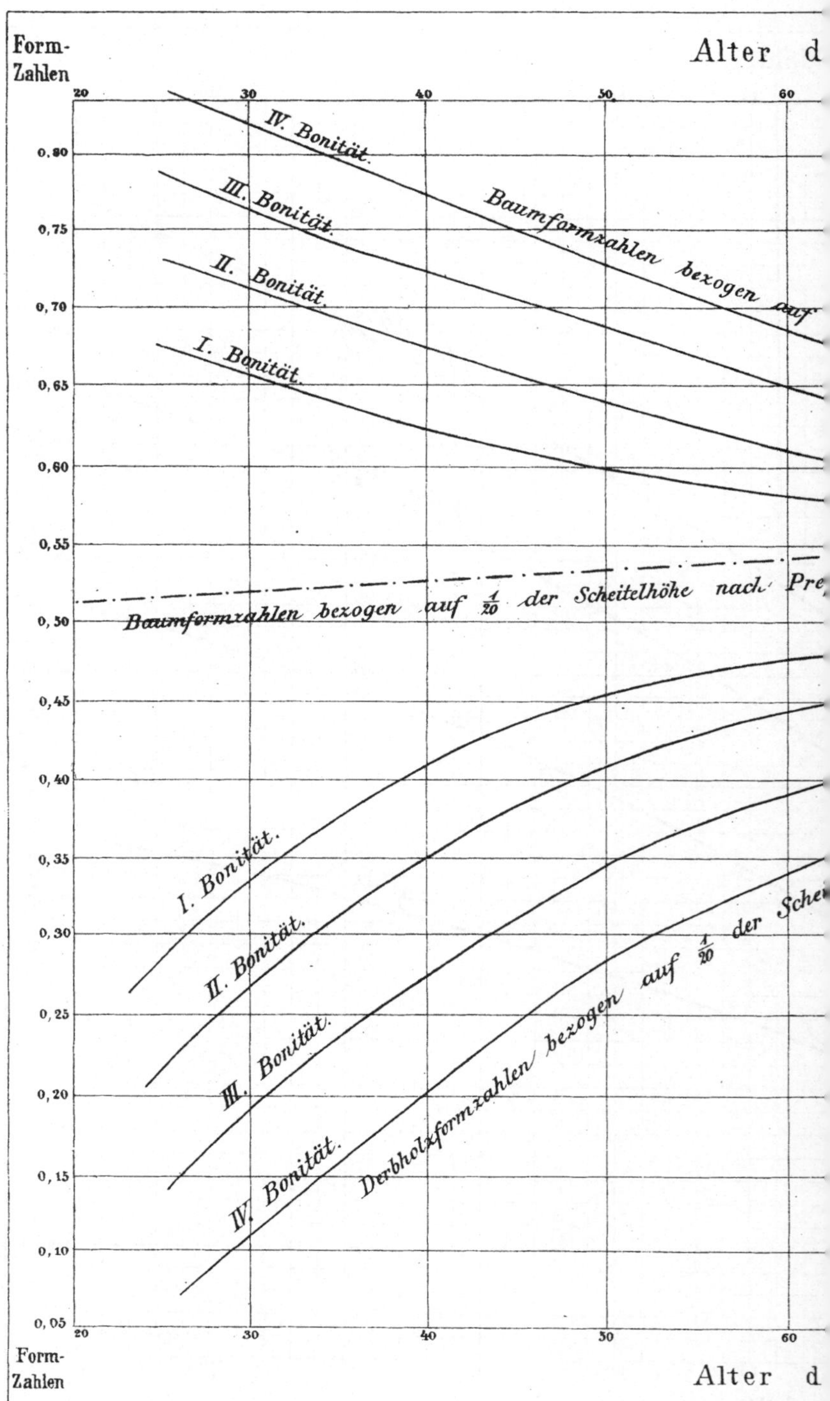

Form-Zahlen
Alter d
20
30
40
50
60
0,80
0,75
0,70
0,65
0,60
0,55
0,50
0,45
0,40
0,35
0,30
0,25
0,20
0,15
0,10
0,05
IV. Bonität.
III. Bonität.
II. Bonität.
I. Bonität.
Baumformzahlen bezogen auf
Baumformzahlen bezogen auf 1/20 der Scheitelhöhe nach Pre
I. Bonität.
II. Bonität.
III. Bonität.
IV. Bonität.
Derbholzformzahlen bezogen auf 1/20 der Sche
der Sche
Form-Zahlen
Alter d
Lit. G. Ebenhusen, Stuttgart

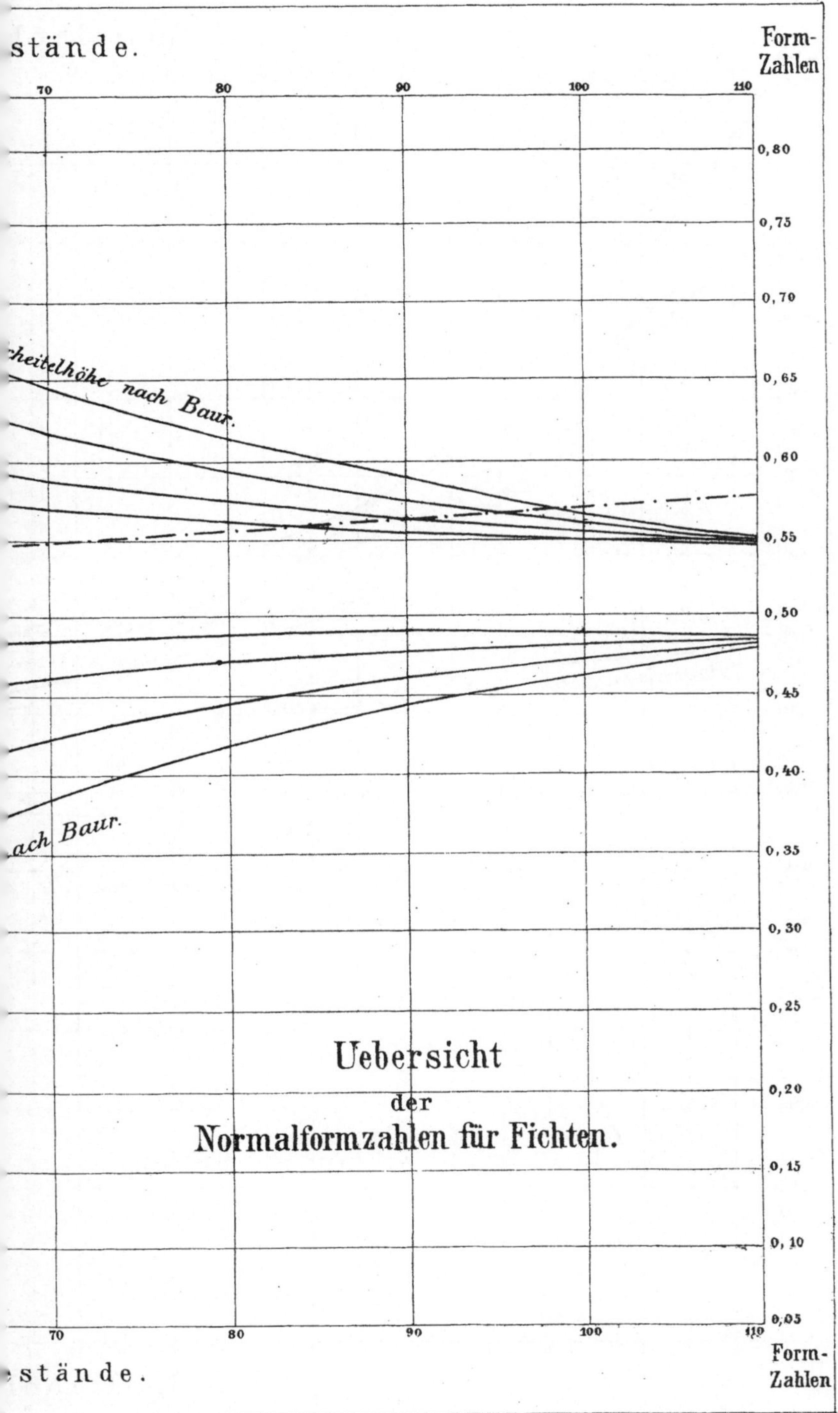
stände.
Form-
Zahlen
70   80   90   100   110
0,80
0,75
0,70
0,65
Scheitelhöhe nach Baur.
0,60
0,55
0,50
0,45
nach Baur.
0,40
0,35
0,30
0,25
Uebersicht
der
Normalformzahlen für Fichten.
0,20
0,15
0,10
0,05
70   80   90   100   110
Form-
Zahlen
stände.
F. Baur, die Fichte.

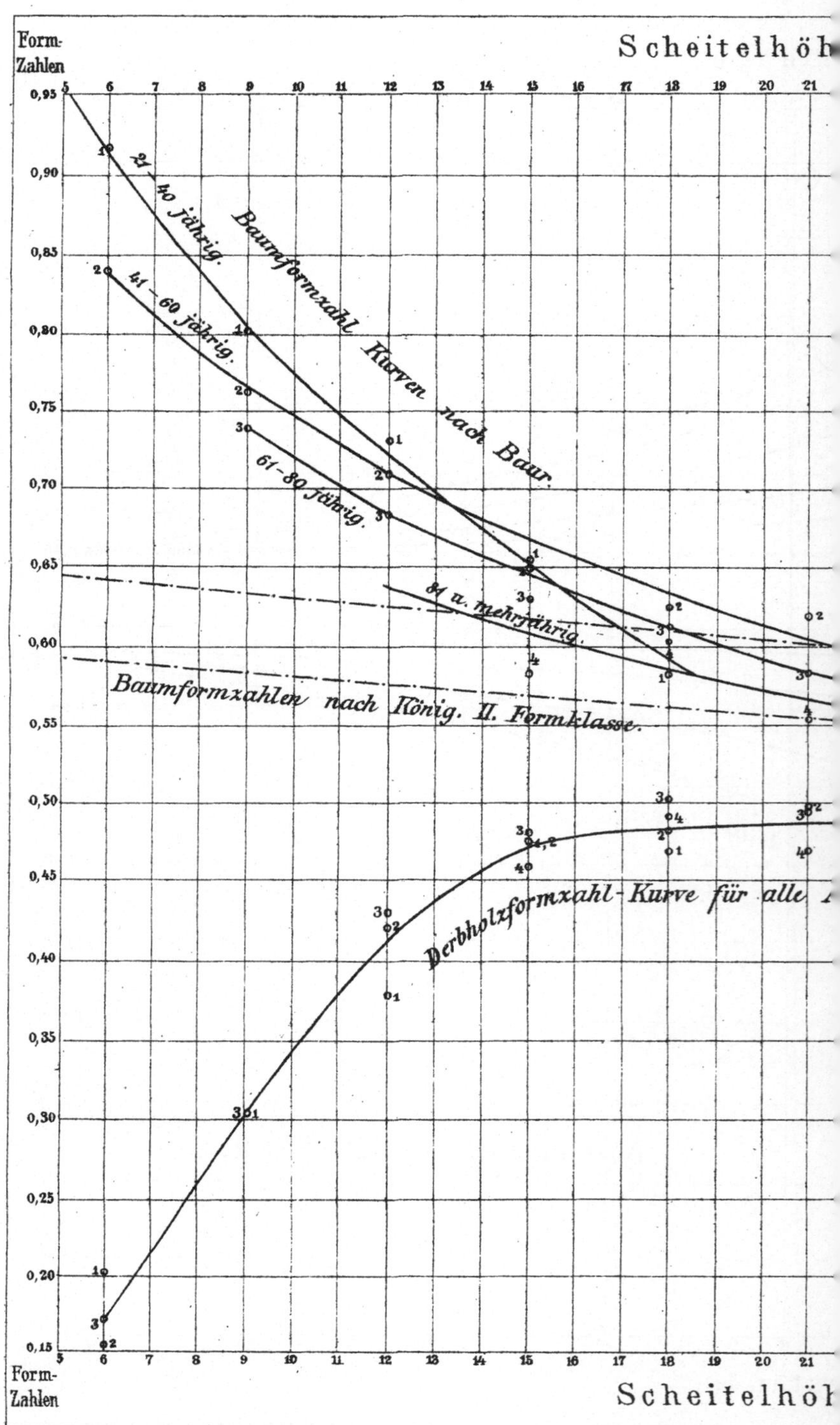

Form-Zahlen
Scheitelhöh
0,95
0,90
0,85
0,80
0,75
0,70
0,65
0,60
0,55
0,50
0,45
0,40
0,35
0,30
0,25
0,20
0,15
21 - 40 jährig.
41 - 60 jährig.
61 - 80 jährig.
81 u. mehrjährig.
Baumformzahl Kurven nach Baur
Baumformzahlen nach König. II. Formklasse.
Derbholzformzahl-Kurve für alle
Form-Zahlen
Scheitelhöh
Lit. G. Ebenhusen, Stuttgart

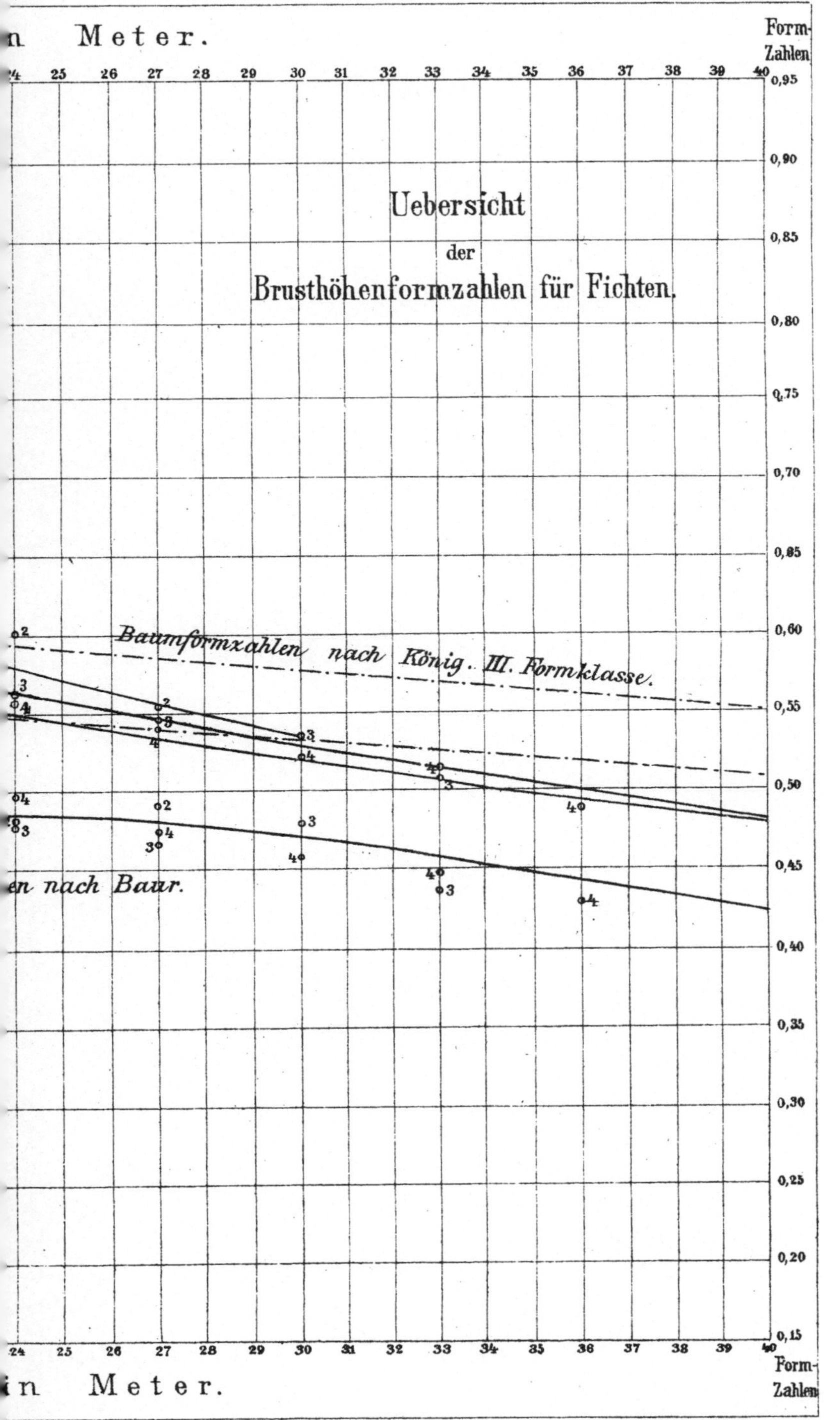

Taf. VII.
in Meter.
Form-Zahlen
24 25 26 27 28 29 30 31 32 33 34 35 36 37 38 39 40
0,95
0,90
Uebersicht
der
Brusthöhenformzahlen für Fichten.
0,85
0,80
0,75
0,70
0,65
0,60
Baumformzahlen nach König. III. Formklasse.
0,55
0,50
0,45
en nach Baur.
0,40
0,35
0,30
0,25
0,20
0,15
in Meter.
Form-Zahlen
F. Baur, die Fichte.